同济大学出版社·上海
TONGJI UNIVERSITY PRESS·SHANGHAI

西风东渐
中的上海营造

The *Shanghai Architecture* in the
Spread of *Western*
Influences to the *East*

宿新宝 著

Contents

目录

Foreword

序（一）

　　上海的历史建筑保护拥有众多优秀的案例，同时也汇聚了一个星光熠熠的建筑师、管理者和学者群体，他们致力于历史建筑的修缮设计与保护实践。本书的作者——华建集团历史建筑保护设计院副院长宿新宝先生，便是这个群体中一颗耀眼的明星，业界亲切地称他为"大宝院长"。一提起大宝院长，他参与保护修缮的一系列优秀历史建筑立即浮现在眼前，如卜内门洋碱公司大楼（1923）、上生·新所（原哥伦比亚乡村俱乐部，1925）、上海交响音乐博物馆（1925）、东亚银行大楼（1927）、上海科学会堂（1926）、上海市文联大楼（1929）、雷士德工学院（1934）、上海展览中心（1955）等。他在保护修缮设计过程中注重历史考证，深入现场调查，研究各个时期和各类建筑的特点，研究建筑师的设计手法，对建筑的现状和历史沿革有清晰的辨识和理解；为了强调物质层面、美学层面、历史层面和文化层面的完整性，他反复进行科学技术论证以做出理性的设计。他的保护修缮工作体现了历史建筑保护的核心科学理念，即在保护实践中进行维护、修复、修缮以及维护性更新。

　　大宝院长长期专注历史建筑的保护利用研究和设计、工程实践，不断深入调查和考证，对上海的历史建筑不仅有坚实的史学理论基础，也在实践中加以检验，积累了有关建筑构造、建筑构件、建筑材料、建筑设备、营造工艺和施工技术的丰富知识和经验，取得了令人瞩目的辉煌成绩，这部《西风东渐中的上海营造》就是他研究和工程实践的成果总结。

这本书填补了国内该领域的研究空白，或将成为历史建筑保护与修缮的经典。书中对于上海历史建筑中的砖石、面砖、屋面瓦、地砖等常用建筑材料，以及窗户、壁炉、卫生洁具等构件都有详细的考证和论述，并且从技术史角度梳理了近代建筑的基本特征，将其演变过程总结性概括为1900年以前的"抹灰时代"、1900年代的"红砖时代"、1910年代的"红转灰时代"、1920年代的"石质时代"，以及1930年代的"面砖时代"。

由于大宝院长和历史建筑保护的相关部门、相关人士的努力实践和不懈探索，上海的历史建筑保护已经初步形成了包括文物建筑、优秀历史建筑、文物保护点、风貌保护街坊、工业遗产等的分类和分级保护体系。由于文化传统、管理机制、建筑法规、建筑技术、结构体系和建筑材料等因素的差异，以及一些其他历史因素，上海的历史建筑保护面临着特殊的体制和技术问题，需要不断去探索和优化适合上海的历史建筑保护模式和机制，也需要深入研究保护技术及修缮工艺。

上海的历史建筑保护经历了长期的探索和实践，已经形成了以保护、修复和修缮为核心的保护机制，"保护"是一种处理方法或组合在一起的几种不同处理方法的综合性概念，是基于经验和科学技术支撑的多学科合作行动。"修复"是通过去除附属物或在不引入新材料的前提下重新装配现存的构件，从而将现存的场所肌体恢复到过去已知的状态。"修缮"则局限于必须实施的维修、维护、补充或更换构件。上海在历史建筑保护的过程中，已形成了整体保护、修复、复原、加建、扩建、维修、维护、保养、加固、移位、顶升、结构托换、替换材料或建筑构件，甚至复建以及采用现代技术等方法和工艺。许多历史建筑在保护修缮过程中需要进行维护性更新，使建筑物符合现代生活的功能需求，例如增添暖气和空调设备、卫生设备等，这些也都必须遵循历史建筑的保护原则。

历史建筑保护涉及社会的历史文化价值取向，有赖于庞大的群体分工合作，需要有人去研究城市史和建筑史，研究建筑法规，研究建筑师和建筑师的执业制度，研究历史上的城市规划和城市空间，研究建筑材料和营建工艺，研究房地产制度，等等，只有全面的协作和共同的探索才能为历史建筑的保护提供信息和技术基础。上海历史建筑保护的经验证明，只有在深入研究历史建筑，全面掌握历史建筑的原初状况、建筑功能、历史变革和城市环境的基础上，才能明确建筑今后的使用功能，制定切实可行的保护修缮理念和策略，保持历史建筑的外观特征；同时，还要经过相关管理部门和技术咨询的认可才能够实施，通过施工单位的修缮工艺，使历史建筑的生命得以延续。

近年来，上海的历史建筑保护取得了相当可观的成绩，相关研究也蓬勃发展，如大河江海，蔚为壮观。上海历史建筑的全貌宛如一幅巨大的拼图，尚在被不断认识的过程中，社会各界都在参与并贡献自己的力量。尽管离拼图的完成还有着漫长的道路要走，还留有许多空白有待发掘，但这幅拼图的轮廓已经越来越清晰，这部《西风东渐中的上海营造》也是这幅巨大拼图的一个重要组成部分。

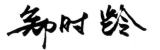

郑时龄

中国科学院院士

同济大学建筑与城市规划学院教授

2023 年 5 月 18 日

Foreword
序（二）

　　这些年来，上海的老房子一直是社会关注的热点，也是建筑史研究的热点。无论外滩还是武康大楼，每天都有川流不息的人群在观赏和拍照；各种短视频中，老房子也是个长盛不衰的话题，更不用说各种专业论文和著作。

　　在近代历史上，上海是"五口通商"城市之一，地处中国长江入海口的要隘，所以只用了短短半个世纪，就从一个不太为人关注的小县城，迅速崛起为国际知名的大都会。其经济、政治和文化上的重要性，远远超过开埠更早的广州。它的城市风貌，也受到世界潮流影响，无论是外滩的银行写字楼，还是西区的花园洋房公寓，乃至城中无所不在的石库门建筑，都具有浓烈的西方特色。诚然，中国其他还有一些城市，譬如天津、青岛、大连、厦门、武汉和哈尔滨，也有一定规模的欧陆城市建筑景观，但无论规模还是风格的多样性，上海皆占据最前列的位置。

　　中式传统建筑和西洋建筑，都是人类文明大树上结出的丰硕果实。我们可以到山西观赏佛光寺、悬空寺和应县木塔，到安徽寻觅徽派古民居，到苏州游览明清园林，也可以在上海看看近代传入的西洋楼宇。相较之下，上海老房子的历史其实并不悠久，距今不过百把年的岁月，但它们连接着日常起居中触手可及的现代建筑和现代生活方式，所以更能引起共情，触动人们去探究建筑的源流和发展。古今中外，优秀的东西总会流传。虽然大多数人未必懂得建筑，但美好的视觉感受、精准的空间比例尺度，以及构思巧妙的装饰细节，都会潜移默化地熏陶人们的品味，多看多琢磨，还能常常有新的发现和感受，不仅对普通市民，甚至对专业建筑师，也是很有启示价值的。

时下上海老建筑的论著出版很多，最初大多谈论建筑风格，后来也研究建筑师，各种话题讨论越来越丰富和深入。本书选择了另外的角度，专谈营造。营造者，可作建造、制作、构造解读，从建筑材料、建筑零配件和建造技术入手，深入浅出、娓娓道来。外行看热闹，内行看门道，本书作者宿新宝，任职华建集团历史建筑保护设计院副院长，主持过诸多老建筑的修复，当然是见识阅历丰富的内行。他在书中讲到红砖瓦、西式窗户、水刷石、外墙面砖、水泥地砖、卫生洁具和壁炉是如何流传进入上海的，配之老照片、老广告等视觉图像，捋清传承和发展的脉络，也把读者对西洋建筑的认知引入了一个新的层面。

西洋建筑进入中国，绝不仅是简单的房屋样式，还包括全新的建筑材料和建筑施工工艺，以及建筑的结构受力方式。建筑材料和建筑风格有着密不可分的联系。上海自开埠之初至 19 世纪 50 年代，房屋都由最初来沪从事贸易的洋商自筹自建，外观大多是"殖民地风格"的连拱游廊，却只能雇佣本地工匠施工，采用本地材料和工艺，比如青砖和小青瓦，外加白色粉墙。这类建筑，远看有西洋风格，近看又混合着明显的中国痕迹。大约在 19 世纪 60 年代，随着机制红砖传入，加之外国建筑师的专业设计和对外国施工工艺的介绍推广，上海才有了纯正哥特风格的圣三一堂，以及后来安妮女王复兴风格的礼和洋行、益丰洋行，清水红砖外墙开始风行。而从建筑结构论，机制红砖和木桁架的引入，带来新的墙体承重结构及其建造模式，冲击了数千年来中国建筑以柱子承重的抬梁式、穿斗式屋架传统，大大扩展了房屋跨度、减轻了屋顶重量。又过四十年，进入 20 世纪，随着水泥的普遍推广，钢结构和钢筋混凝土框架结构的普及，使上海老房子又回到新一轮的柱子承重、砖块仅作墙体围护和分隔之用的结构形式，加上各种石块贴面和斩假石、水刷石等外墙材料的使用，使得外滩建筑在更新重建中，大量涌现出希腊、罗马、巴洛克等各种古典主义风格乃至装饰艺术风格等时髦样式的立面装饰，形成极具特色的建筑群落。不过，虽然外滩建筑运用了欧洲古典柱式及圆拱穹顶等，但其内部的钢结构或混凝土结构，使其本质上已迈入现代建筑行列，和后来改挂玻璃幕墙的做法只有一步之遥。19、20 世纪世界建筑材料的急剧发展，带动了建筑结构、建筑设计和施工工艺方式持续不断的进步。

不仅砖块、水泥和钢材，红色平瓦和筒瓦的引入也值得一提。青岛人常用"红瓦绿树、碧海蓝天"来概括当地不同于其他城市的异域风貌，所谓"红瓦"，是指来自德国的机制瓦。机制红瓦在上海其实普及很早，尤其是机制筒瓦，是徐汇区、长宁区 20 世纪风行的西班牙式住宅的屋顶标配，但上海的西洋建筑种类过于繁多，所以书中并未对此作更多渲染。此外，外墙面砖和五彩水泥花砖、彩色玻璃窗，以及柚木、橡木地板和护壁板、金属框架窗户，乃至金属合页和锁具的引进和国产化生产，都对建筑外观和内部使用效能产生深刻影响，从而给生活方式也带来巨大的改变。当年上海市民对于新式里弄和公寓房子，用"钢窗蜡地大卫生"七个字就一举概括了其先进配置，所谓"大卫生"，特指坐便器、浴缸和洗脸台盆的三件套洁具配置，这和北方四合院的"天棚鱼缸石榴树，先生肥狗胖丫头"生活异曲同工，分别是两种不同社会生活的浓缩写照。

这些方方面面的点滴细节，今天看来似乎并不足奇，但在当年引进时，却都各有自己的商业拓展故事，也是上海和其他城市的不同所在。正是这些"西风东渐"的变迁，构成了一部细节丰富的营造历史，经过一百多年演化，上海基本完成了与世界城市的同质接轨。

当建筑研究从外立面的风格进入深层次的技术史层面，可以看到，值得深入拓展的方面很多，而目前学术界的关注度和取得的成果却远远不够。这不仅表现在通俗读物、公众号和短视频对市民进行科普教育、答疑解惑的水准，更涉及在城市更新、老建筑维护修复过程中准确、妥善地进行文物保护的专业能力，是一个必须引起重视的大课题。我们常常发现，如今一些古老的红砖建筑，在维修时仅仅在外墙上刷上一层涂料并画上粗劣的勾缝线，甚至还有全国重点文物保护单位，把红砖涂刷成青砖颜色，全然不知青砖和红砖所代表的不同的文化内涵。又如前些年外滩建筑改造时，几乎把所有的老式电梯和厕所卫生洁具全部拆除换成新的，似乎这样才能显示出高档富丽，却不知当年普遍安装的"司旦达"（Standard）品牌洁具背后有一段独特的历史，甚至与在建筑史中备受赞誉的上海南京西路国际饭店有关："司旦达"洁具是美国标准卫浴制造公司的产品，而建筑师邬达克设计国际饭店时仿效的，正是纽约的美国散热器大厦的外形。这栋大厦的业主美国散热器公司（American Radiator Company），1929 年与标准卫浴制造公司（Standard Sanitary Manufacturing Company）合并，更名为"美国散热器和标准卫浴公司"，简称美标公司（American Standard Companies）。今天外滩老建筑的卫生间里，到处都是"美标""科勒"，老牌子"司旦达"却被毫不顾惜地拆除得难觅踪影，真是令人惋惜。我不知道这是业主的问题，还是翻新装修时设计师的过错，恐怕不明了洁具品牌的发展历史，一定是个重要原因。同样，曾经辉煌的国内建材企业，涉及砖瓦、水泥、玻璃、建筑陶瓷、石材、门窗配件等，也都经历了从引进、兴盛到停产或创新转型的曲折过程。它们的产品，曾经给城市形态带来巨大变化，给人们的生活提供了种种便利，也给中国企业带来民族自豪感，这些故事同样不应该被忘却。

　　一个多世纪来，随着时代的变化，上海滩上无数老房子被推倒，新大楼盖了起来，这座伟大的城市每天都在发生变化。在变化之中，我们应当更深入地研究历史、保留记忆、传承发展。宿新宝在繁忙的工作之余，冷静思考老建筑、老建材的源流传承，辛勤笔耕，将其写成文字心得，真是值得钦佩。这本《西风东渐中的上海营造》也值得大家仔细一读。

姜鸣

近代史学者

2023 年 5 月 22 日

Chapter 01

—

阅读时间的能力：
技术史的视角

—

The
Perspective
of Technology
History

（图 1.1）1851 年建成的第二代圣三一堂，外墙石灰砂浆抹灰、小青瓦、木窗

　　历史建筑断代是建筑考古学的核心主题之一。根据建筑风格和形制进行年代推测，再配以题记和文献佐证，是使用最为广泛的中国古代建筑断代方法。梁思成先生在《图像中国建筑史》中将中国古代木构建筑分为豪劲（隋唐到早宋）、醇和（宋元）和羁直（明清）三个时期，将建筑风格、形制与建筑年代进行了匹配，使风格形制成为古代建筑断代的重要依据。

　　依据风格与形制断代的一个重要前提，是风格要具有延续性、演化具有规律性，这样才能通过将实例与归纳总结出的进化规律及其样板进行对照，从而进行断代分析。也就是说，依据风格与形制断代的方式，更适合用于自身含有传承和演变关系的谱系，而放在由外力影响的"突变"和"嫁接"情况下则不一定适用。

上海近代建筑的文化突变性更多于延续性，建筑风格"几乎覆盖从早期基督教建筑、罗马风建筑、哥特建筑、文艺复兴建筑、巴洛克建筑、新古典主义建筑到现代建筑，以及中国传统复兴约 2000 年间的各种风格演变"，且建筑风格变化遵循的并非线性的演进规律，而是具有随机性，遵从于建筑师审美和业主的好恶，正如郑时龄院士在《上海近代建筑风格（新版）》中所说：

　　"上海近代建筑的发展并没有遵循西方建筑史的脉络。复古与新潮对于上海而言，都只是一种风格，新的建筑式样只是又一种比新古典主义建筑更为时髦的新式样而已。"

　　因此，判断上海近代历史建筑的建成年代，就不能仅仅依靠建筑风格与形制；或者说，各年代历史建筑的非风格类的共性特征，或许正是近代历史建筑断代的重要依据之一。而建筑技术史，就是一个很好的视角。

Part I
技术史的视角

　　建筑技术史，就是围绕建筑材料与技术的产生、传播、选择、演化等的历史研究与理论阐释，旨在挖掘技术现象的成因和内在动力。

　　从 1843 年上海开埠到 1949 年，106 年来，上海近代建筑经历了前所未有的外来冲击，形形色色的风格和式样背后是建筑技术的更替和演进。建筑材料在一百年时间内，从传统到改良，从舶来到国产，现代建筑工业逐步取代了传统匠作营造业。

　　对近代建筑常用的材料、结构和构造进行历史沿革、类型、特点方面的特征梳理，可以帮助我们透过这些材料与构造所蕴含的时代基因，反推建筑的建成年代，从而成为近代历史建筑断代的一个维度。

Part II

技术史视角下近代历史建筑断代的一种尝试

外墙饰面、屋面、门窗等是建筑中最直观可视的部分，下文以其在上海近代历史建筑中应用和流行的时代为坐标，透过技术史的视角，采用"贴标签"方式，以十年为跨度，给每个阶段的历史建筑贴一个颗粒度较大的"标签"，以此抛砖引玉，尝试梳理出各时期历史建筑在材料工艺上的共性特征。

· **1900 年之前——"抹灰时代"**

「青砖外抹灰、少量清水红砖 / 小青瓦（少量其他瓦）/ 木窗」

在上海近代建筑分期中，将 1843—1900 年称为近代早期，或称为"移植期"，这一时期职业建筑师尚未登场，建筑以"移植 + 本土化"的西方建筑和殖民地式建筑为主，建材大多为就地取材的传统材料。

这一时期大多数建筑在风格上呈现"殖民地外廊式"。由于国产青砖的强度低且耐候性差，多在墙砖外面覆以石灰泥或砂浆粉刷，依靠抹灰的防水和耐候性保护墙体，建筑大多呈现出灰白色抹灰的外墙饰面，再配以小青瓦屋面和木窗木门。可惜此阶段的遗存已较少，只能通过历史照片一睹。

此时建筑的体量都不大，大多方正，四面或三面外廊，比较讲究的建筑大多分布于外滩沿线，如建于 1864 年的第一代英国总会。虽然这栋建筑显然比同期的建筑更加注重装饰和细节，但抹灰的外墙面、木窗、外百页窗、小青瓦也是标配。

当然也有例外，随着 1848 年和 1851 年建成的两代圣三一堂相继因质量问题而拆除，1866 年第三代圣三一堂采用英国著名建筑师司科特（George Scott）的图纸，由旅沪建筑师凯德纳（William Kidner）实施建造。这座哥特式教堂采用清水红砖砌筑，页岩石板瓦屋面，彩色玻璃窗，

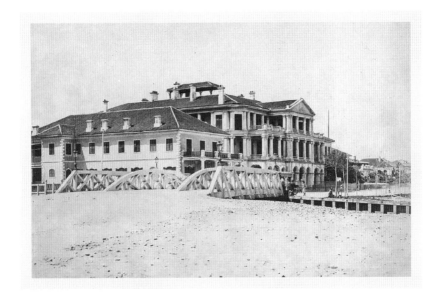

（图 1.2）1860 年代英国总会远景（上）和近景（下），
可见抹灰的外墙面、木窗和小青瓦屋面

（图 1.3）1869 年建成的圣三一堂，采用清水红砖砌筑，页岩石板瓦屋面，木窗；
清水红砖的圣三一堂，也为即将到来的清水红砖时代拉开了序幕

建筑质量上乘，屹立近 160 年，至今仍在使用。

清水红砖的圣三一堂，也为即将到来的清水红砖时代拉开了序幕。

· 1900 年代——"红砖时代"

「清水红砖 / 石材 / 机平瓦 / 木窗 / 木百页窗」

随着 19 世纪 60 年代后国产机制砖瓦日渐兴起，加之 19 世纪末英国维多利亚风格建筑尤其是安妮女王复兴风格和都铎复兴风格在上海流行，1900 年前后的公共建筑已不再采用外廊式设计，立面上连续的半圆砖拱券代替了列柱外廊，清水红砖配以局部石材装饰成为这一时期的建筑特征。

外滩背面的四川中路、滇池路、圆明园路一带还保留了很多安妮女王复兴风格的清水红砖建筑，如建于 1908 年的业广地产公司大楼，由通和洋行设计，清水红砖墙面配以石材窗套和隅石，构成强烈的色彩与材料对比。

（图 1.4）1908 年建成的安妮女王复兴风格的业广地产公司大楼

　　砖木混合结构的墙体较厚，深邃的窗洞内搭配折叠式木百叶窗，百页窗打开后收于窗洞内，不影响装饰外窗套效果。这种木百页窗也成为清水红砖建筑的常规配置。

　　每个时代总有例外，在一片红砖建筑群中，也有少数与众不同的建筑引领着下一个阶段的到来，譬如建于 1902 年的华俄道胜银行大楼。

　　这座位于外滩中部的建筑，由德商倍高洋行设计，项茂记营造厂承建，砖（石）、木、钢混合结构，在维多利亚风劲吹的年代，德国建筑师海因里希·倍高（Heinrich Becker）采用了法国古典主义构图，使这一建筑成为上海近代建筑中最早按西方古典主义章法运用柱式的实例。

　　建筑东立面以苏州产花岗岩、乳白色釉面砖为主要外墙材料，檐口下柱顶处二层券窗、券肩及底层入口山花部位均有石材浮雕，门柱上曾有两尊青铜坐像雕塑。外窗为木窗，室内中庭还采用了"Busch Berlin"生产的进口彩色玻璃窗。

（图 1.5）折叠木百页窗是清水砖墙建筑的常见搭配，百页窗打开后收于窗洞内，
不影响外窗套装饰效果（图为建于 1907 年的上海电车公司大楼）

这座建筑掀开了新古典主义登上上海建筑舞台的大幕，此后石材和仿石材料渐渐取代红砖，伴随着新古典主义的流行而成为建筑外墙主要饰面材料。

• 1910 年代——"红转灰时代"

「石材／水刷石／机平瓦／金属瓦／木窗／钢窗／彩色玻璃窗」

20 世纪 10 年代，上海发展加速，金融业和商业繁荣促进了新古典主义风格流行，同时第一次世界大战后大量侨民涌入上海，其中也包括如邬达克、鸿达等建筑师和更多的建筑从业人员，本土建材生产和营造业得到了极大发展。

社会经济和文化的空前发展带来了建筑风貌的转变，石材和仿石的

（图 1.6）外滩 15 号华俄道胜银行大楼

水刷石等逐步取代清水红砖外墙，红砖的使用转向住宅等小体量建筑；钢窗作为舶来品逐渐在本土普及，其本土量产也在孕育之中；古典造型的穹顶、孟莎顶等催生了铅皮等金属屋面材料；土山湾孤儿工艺院开始生产彩色玻璃窗，此后上海大多数彩色玻璃窗都由本土生产。这个阶段清水红砖与石材（仿石）饰面并存，并逐渐"由红转灰"。

　　此时在建筑设计市场占有率名列前茅的设计公司中一定有通和洋行（Atkinson & Dallas），他们的"红"与"灰"作品均有很多流传至今。其中，建成于 1910 年的永年人寿保险公司大楼和建成于 1914 年的东方汇理银行大楼均为三层钢混结构，主立面采用花岗石饰面，配以爱奥尼巨柱，二层采用帕拉第奥组合窗，局部以巴洛克风格装饰，次要立面黄沙水泥抹灰。

（图 1.7）1910 年建成的永年人寿大楼（上）与 1914 年建成的东方汇理银行大楼（下），
均为主立面花岗石饰面，爱奥尼巨柱和帕拉第奥组合窗

（图1.8）全水刷石饰面的外滩3号有利银行大楼

相比盛产精美石材的欧洲大陆，上海并不盛产建筑用石材。"红转灰"需要大量的石材作为建筑外墙饰面材料，虽有周边的苏州、宁波等地作为主要石材产地，但对于爆发式增长的新古典主义建筑来说，石材的供应量显然不足，幸而人造仿石饰面（主要是水刷石、斩假石）填补了市场的需求。

学界一般认为上海最早全部采用水刷石饰面的大型公建是公和洋行设计、1913—1916年建造的外滩3号有利银行大楼（Union Building）。此后，水刷石具有的可塑性强、可预制亦可现场施工、造价低廉等优势，使其日渐受到欢迎，成为"红转灰"的重要技术推手。

与此同时，钢窗也被引入上海。这一时期的大型商业和办公类建筑已经开始使用昂贵的进口钢窗，提升门窗密封性能的同时，也使室内获得更通透的景观视野和更好的采光。

"红转灰"一直持续到 20 世纪 20—30 年代，因为水刷石可以直接在清水砖墙上抹灰制作，所以还有一些清水砖墙建筑通过抹灰水刷石而发生了外观的改变，如南京东路上的福利公司（慈安里大楼）和黄浦路上的礼查饭店等。

• 1920 年代——"石质（仿石）时代"

「石材／水刷石／泰山砖／机平瓦／西班牙筒瓦／木窗／钢窗」

20 世纪 30 年代，上海进入城市建设"黄金时期"，逐步成为中国工商业与经济中心乃至远东最大的城市。一座充满雄心的城市需要更高、更大、更雄壮、更精美的建筑，这也促进了建筑材料的国产、量产和激烈竞争。

大型公建方面，钢筋混凝土结构、石材和仿石饰面、钢窗等，已成为此时的标配，也因为钢混结构和防水卷材普及，公建向多层、高层发展，高耸塔楼和平屋面露台的组合代替了坡屋面。公共租界内一栋栋大楼拔地而起，外滩的天际线已经被石材和仿石饰面的新古典主义风格建筑重新绘制，成为"石质时代"的最好注解。

以四大百货公司为代表的商业建筑也在竞夺南京路上的制高点。除大新公司外，先施公司、永安公司、新新公司在 20 世纪 20 年代皆已建成，都采用了水刷石的仿石饰面，配以钢窗、高耸塔楼、平屋顶露台，这些要素当时正是先进、时髦、高级的象征。

与此同时，在中小规模建筑尤其是住宅建筑中，砖木混合结构和坡屋面仍是主流，进入 20 世纪 20 年代后，这些并不依靠高大取胜的建筑主要以丰富多元的地域风格与此前的年代区分。而风格的塑造需要建筑材料的支撑，配合不同地域风格的材料如拉毛墙面、西班牙筒瓦、菱形瓦、牛舌瓦、彩色玻璃窗等也流行起来。

• 1930 年代——"面砖时代"

「水刷石／泰山面砖／釉面砖／钢窗」

20 世纪 30 年代，随着各种先进建筑材料和技术推广应用，上海也进入"黄金时期"的鼎盛期。加之 30 年代初欧美滞销的大量建筑材料倾销到上海，建筑的建造和材料成本大幅降低，面砖继水刷石后成为这一时期最典型的外墙饰面材料。

早在 1902 年建成的华俄道胜银行就采用了乳白色釉面砖作为饰面，稍晚其后，始建于 1906 年的汇中饭店也采用了白色面砖，但直至 20 世纪 20 年代后期，面砖才得到大量推广。

这一时期最先使用的是黄褐色毛面砖（俗称"泰山面砖"），铺贴逻辑模拟清水红砖，如 1929 年通和洋行设计的上海商业储蓄银行，以及 1934 年马海洋行设计的跑马总会大楼。

现代建筑，尤其是高层现代建筑，助推了面砖的广泛使用。通过何立蒸 1934 年 8 月发表于《中国建筑》中的《现代建筑概况》一文，可知当时现代建筑的标准就是"建筑材料务取其性质之宜，不摹仿，不粉饰"，"对于色彩方面应加注意，使成为装饰之要素"。因此，面砖成为现代建筑的不二之选。

由公和洋行设计、1934 年建成的峻岭寄庐（Grosvernor House）和格林文纳花园（Grosvernor Gardens），外墙的褐色毛面砖通过铺贴变化与勾缝强调出纵横变化的组合线条，改变了"面砖要模仿清水砖"的设计思路。

如果说"泰山面砖"脱胎于清水砖，那么釉面砖在尺寸和铺贴方式上则更加灵活。1934 年建成的国际饭店以 83 米的高度成为当时的亚洲第一高楼，其外立面以矩形、方形等不同规格尺寸的深褐色釉面砖拼贴纹样，富有韵律。

其他使用面砖作为饰面的建筑还有 1929 年的电力公司，1931 年的中国企业银行，1932 年的亚洲文会大楼、真光大楼以及广学大楼，1933 年

（图 1.9）1925 年照片中，石材和仿石饰面建筑定义了外滩的天际线：
有利银行大楼（1916）、汇丰银行大楼（1923）、字林西报大楼（1924）、第一次世界大战纪念碑（1924）

（图 1.10）20 世纪 20 年代照片中，先施公司（1918）、永安公司（1920）、新新公司（1926）
均采用水刷石饰面、钢窗、高耸塔楼、平屋顶露台，这些要素当时正是先进、时髦、高级的象征

（图 1.11）建于 1929 年的上海商业储蓄银行（左）和 1934 年的跑马总会（右），
褐色毛面砖的铺贴位置和逻辑同清水红砖

（图 1.12）峻岭寄庐和格林文纳花园外墙的褐色毛面砖强调出纵横变化，
改变了"面砖要模仿清水砖"的设计思路

（图 1.13）国际饭店褐色釉面砖以矩形、方形等不同规格尺寸的
深褐色釉面砖拼贴纹样

的永安新楼与阿斯屈来特公寓，1934 年的大陆银行与严同春宅，1935 年的孙克基产妇医院，1936 年的周宗良宅客厅楼，1938 年的吴同文宅等，不胜枚举。

面砖作为时髦材料，配以纤细挺括的钢窗（20 世纪 30 年代初期，上海 80% 钢窗已经国产化）和大面积玻璃，与装饰艺术派和现代主义风格的公共建筑与住宅相得益彰，成为这一时期的建筑立面特色。

Part III
阅读建筑的独特视角

建筑显性的外观如同建筑的文字语汇，是最直观的阅读材料。

虽然本文这种简易的"贴标签"方式不够严谨，更不"学术"，但作为一种维度和视角，更容易被大众理解和接受，从而成为深入阅读近代建筑的引子。

（表1）近代建筑从技术史角度的演变过程表

时期		外墙饰面	屋面	外窗
抹灰时代	1900 年前	青砖外抹灰 少量石材	小青瓦	木窗 木百页窗
红砖时代	1900 年代	清水红砖 石材	机平瓦 金属瓦 小青瓦	木窗 折叠木百页窗
红转灰时代	1910 年代	石材 水刷石 清水红砖	机平瓦 金属瓦	木窗 钢窗 彩色玻璃窗
石质（仿石）时代	1920 年代	石材 水刷石 泰山面砖	平屋面 机平瓦 西班牙筒瓦 金属瓦	钢窗 木窗
面砖时代	1930 年代	水刷石 泰山面砖 釉面砖		钢窗

将前文所述的技术史"标签"表格化，如上。

上述总结主要针对公共建筑而言，且力求再简化，难免挂一漏万。住宅建筑如里弄和花园住宅另有自身的发展脉络，总体上，其发展较公共建筑略晚，在材料选择上受造价限制以及业主和建筑师的主观影响也更大。

诚然，在建筑技术史的演进中，结构技术的地位显然比外墙、屋面、门窗等构件更为重要，比如对上海近代建筑影响最为重要的钢材和混凝土技术，以及上海软土地基建造尤其高层建造所依赖的地基基础技术等，但外墙、屋面、门窗更加可视、直观，更易成为"阅读建筑"的独特视角。

Chapter 02

—

上海近代建筑的
砖与石

—

Bricks and Stones
in Shanghai Modern
Architecture

建筑的"容貌特征"最直观的外在体现就是建筑的外墙，也由于其直观性，人们甚至会以建筑外墙材料和颜色作为建筑的指代名称，如习惯把清水红砖墙建筑称为"红楼"，把青砖或者石材外墙的建筑称为"灰楼"。作为建筑的外围护，外墙起到承载受力、围合分隔、保温隔热和装饰等作用。外墙材料的演变，实际上是生产技术、施工工艺、审美喜好等多方面因素共同影响的结果。

上海近代历史建筑数量众多、类型丰富、形态各异。本文从技术史的角度，以近代建筑中最常见的砖与石材为对象，解读形式与风格背后的技术演进与时代特征。

Part I
砖与清水砖墙

砖是最传统的人造建筑材料，传统的黏土砖以黏土为主要原料，经泥料处理、成型、干燥和焙烧而成。在中国，砖的使用已有几千年的历史。

• 青砖与红砖

砖有青砖与红砖之别。因黏土中含有铁，如果在烧制过程中加水冷却（有些地方称之为"饮窑"或"洇窑"），使黏土中的铁元素在缺氧冷却环境下不完全氧化形成四氧化三铁，呈青色，即青砖；如果烧制过程中完全氧化生成三氧化二铁，呈红色，即红砖。

青砖和红砖，传统的砖窑均可烧制。而古代红砖主要流行于闽南地区，福建泉州最迟在北宋大观年间即可用土窑烧制红砖。在开埠以前，上海本土所用的砖主要还是手工制作的青砖和土坯砖，且尺寸也不同于欧洲红砖，使用时多采用错缝全顺、多顺一丁砌筑或空斗砌筑，表面多做粉刷。因中式传统建筑多以梁柱承重，墙体以围护为主，墙厚多为一砖或一砖半厚。

（图 2.1）19 世纪 50 年代外滩图画中"殖民地外廊式"建筑多为抹灰外墙

• 开埠早期"殖民地外廊式"砖墙外覆灰泥

随着上海开埠，新的建筑类型的出现以及技术材料的引进与更新，砖墙的材料与砌筑方式逐渐发生变化。

19 世纪 40—50 年代，以"殖民地外廊式"为主要风格的早期近代建筑在上海兴起，此时的"殖民地外廊"多采用梁柱式外廊。美国记者欧内斯特·O. 霍塞（Ernest O. Hauser）在《出卖上海滩》（*Shanghai: City for Sale*）中这样描述这一时期的建筑：

> "洋行都是方形建筑，没有奇思妙想，也没有建筑师的蓝图，但舒适通风。……洋行的底层有四间大屋，上海绅士们用作写字间，会见买办，处理信件。楼上有四间大屋，上海绅士们用作起居室。两层都有敞开的走廊，日落时，上海绅士们在那里享受习习微风和威士忌。"

此时的西式建筑还多使用青砖或土坯砖进行砌筑。因为砖强度低且耐候性差，承重墙体厚实，墙砖外面覆以白色的灰泥或粉刷，依靠灰泥的防水和耐候性能保护墙体。

到 19 世纪 50 年代后期，券廊式建筑渐渐代替了梁柱式的"殖民地外廊式"建筑，但外墙的墙体仍多采用"比欧洲系的红砖要薄得多的中

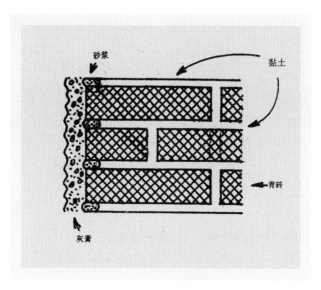

（图 2.2）近代早期砖墙外覆灰膏做法示意

国传统青砖，墙体外抹灰膏"，清水砖墙仍未得到使用和推广。

- **清水砖墙的流行**

清水砖墙，也就是使用砖砌且砖面直接作为饰面的外墙做法。由于砖外不做任何抹灰，清水砖墙对砖本身的材料强度、吸水率、规格、色彩，以及砌筑和勾缝工艺等都有更为严格的要求。

从 19 世纪 60 年代开始，受到教堂建筑和英国维多利亚时代建筑风格的影响，欧洲红砖和制砖技术也进入了上海。

圣三一堂是这一时期清水红砖的代表建筑。该堂于 1866 年动工，1869 年 8 月 1 日建成开放的，俗称"红礼拜堂"，由英国著名的哥特式教堂建筑师司科特设计，并由在沪开业的英国建筑师凯德纳负责具体实施。教堂的内外墙面均由清水红砖砌筑，砖墙采用了传统的英国式砌法，通过墙面造型、线脚形状、砖墙色彩、图案组合的变化等手法，营造出

（图 2.3）圣三一堂室内现状

层次丰富的内外墙装饰效果。

　　圣三一堂主堂的红砖均为进口，而上海本土的机制红砖生产，大约始于 19 世纪 60 年代。据张琳德（L. C. Johnson）的《上海：从市镇到通商口岸》（*Shanghai: From Market Town to Treaty Port*）一书，上海生产欧洲式红砖始于 1858 年 *。1897 年和 1900 年，上海先后建成华商浦东机制砖瓦厂、瑞和砖瓦厂，制造红砖、红瓦和耐火砖等产品。据统计，1903—1908 年，国内注册的砖瓦陶土厂共 11 家。

　　19 世纪 80 年代至 20 世纪 10 年代，在英国维多利亚时代晚期安妮女王复兴风格的影响下，清水砖做法成为洋派和时髦先进的代表，加之砖木工艺更易为上海地方工匠所掌握，清水红砖外墙的建筑在上海得以兴

* 而据何重建《上海近代营造业的形成及特征》考证，
　1879 年浦东白莲泾开设了上海第一家机制砖瓦厂。

（图 2.4）礼和洋行（1898—1904）历史照片

建和流行，上海近代建筑进入一个以清水砖墙为主要特征的发展阶段。

　　清水砖墙建筑的流行也带来了近代制砖业的快速发展，民族资本在上海及周边地区兴办砖瓦制造厂，形成了全国最为发达的砖瓦制造业中心。至 20 世纪 20 年代，中国制砖业已基本实现了由手工生产向机械化制造的转变。清水砖墙中青砖的使用逐渐减少，多被红砖取代。1935 年《中国建筑》刊载的蒋介英《我国砖业之进步及现代趋势》一文曾写道：

　　"民初外人设义品机制砖瓦厂于沪西，继则有中华第一窑厂，泰山，华大，大中，振苏，东南等厂，均用机器及德式轮窑，仿制外国砖瓦，较我国湖北江浙所产土砖之窳败易损者，已见进步。"

• 制砖与规格

手工砖采用模具手工压制，规格尺寸偏差较大。而机制砖采用机器压制成形，规格按照各个国家的工业标准实施，尺寸偏差较小。各个国家的机制砖的标准规格因各国的度量衡差异而不同。

在上海近代建筑中较为常见的为长度 9.5 英寸（1 英寸 = 25.4 毫米，9.5 英寸约合 241.3 毫米）的砖，俗称"九五砖"。稍小一些的是"八五砖"，即长度为 8.5 英寸（215.9 毫米）。

因近代日本参与上海营造活动较多，上海近代建筑中还有采用日本度量衡的砖。这种砖块采用日寸作为度量单位（1 日寸 = 31 毫米）。东京旧制红砖规格为 7.5 日寸 × 3.6 日寸 × 2 日寸，即 232.5 毫米 × 111.6 毫米 × 62 毫米。

1875 年 5 月 20 日，法国举行国际权度会议，推行米制成为万国公制，各国逐渐将公制作为主要度量衡。1915 年 6 月北洋政府公布《权度法》，1920 年中国全面改用公制。我们现在所熟悉的 240 毫米长的砖即是取整后的"九五砖"，其规格取 240 毫米 × 115 毫米 × 53 毫米，"八五砖"尺寸取整为 216 毫米 × 105 毫米 × 43 毫米，这两种尺寸的砖使用较多，并沿用至今。

在上海市建筑协会 1932 年 11 月起刊行的《建筑月刊》中，每期都会刊登当时的建筑材料价格。在第 4 卷第 10 期"实心砖"价格一栏中，可见 1937 年机制实心砖的规格主要有十寸长、九寸长、八寸半长等，且由于青红砖均实现国产化，此时二者价格差异已较小。

除实心砖外，随着钢筋混凝土结构的流行，近代工程实践中也普遍使用了空心砖（疏孔空心砖）。不过，空心砖如用于外墙，需另做面砖或粉刷保护，因此空心砖主要用于室内分隔墙、外墙衬墙（起保温隔热作用）、屋面隔热等，或作为钢结构或木结构的防火保护层使用。

（图 2.5）卜内门洋碱公司大楼内 LUN HING 红砖（10 英寸 × 5 英寸 × 2 英寸）

- **砌筑特点**

上海开埠初期，红砖主要依靠进口或少量本地生产，价格高于青砖；同时红砖又作为新进舶来品受到社会追捧。在此双重因素影响下，部分建筑外墙采用了青红砖混砌的方式。常见的混砌方式是以青砖砌筑为主，水平腰线、窗套、壁柱、檐口等部位饰以红砖，以红砖为"点睛之笔"来进行装饰；另一类方式则仅在外墙最外层采用红砖，而墙体内部、室内隔墙等都由青砖砌筑，即采取了红砖"面子"、青砖"里子"的"表里不一"方式。由此也可见当时红砖得到了超越青砖的追捧和礼遇。

从墙面砌筑的立面效果看，上海开埠后逐步开始采用西方清水砖墙的砌筑方式，且以英式砌法与哥特式砌法两种为主。

英式砌法的排列方式为隔排顺砌和隔排丁砌，如圣三一堂、摩西会堂、益丰洋行等；哥特式砌法，也称荷兰式砌法，与中式传统的"梅花丁"类似，排列方式为丁顺相间，上下排之间错缝砌筑。

除规整的墙面砌筑外，清水砖建筑也会通过带有线脚的砖块实现装饰效果，常见的装饰部位有墙身腰线、窗套、檐口等。这些装饰砖多由专业技师砍砖、打磨制作，复杂线脚则使用铁刨刨出形状后再进行砌筑。

（图 2.6）20 世纪 30 年代后期常用实心砖尺寸和价格

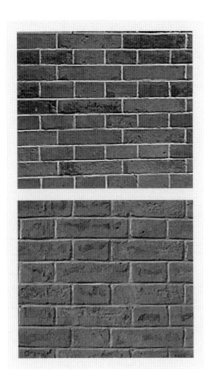

（图 2.7）英式砌法（上）和哥特式砌法（下）

（图 2.8）杨树浦水厂（1893）清水砖墙侧砌线脚

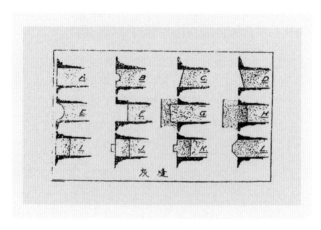

（图 2.9）常见砖墙勾缝做法

同时，勾缝变化也是清水砖墙表达差异性的方式。

常见的勾缝形式有元宝缝、平缝、斜板缝、方槽缝、凹缝等，各类形式的勾缝也有其相应的勾缝工具。由于灰缝易酥松剥落，不易保存，加之既往不妥的修缮方式，现存的原状勾缝较少，我们可从 1936 年《建筑月刊》刊登的部分常见砖墙勾缝形式中管窥当时勾缝形式的多样。

勾缝材料以石灰混合物为主，如石灰、纸筋灰、砖粉等。同时由于掺加了桐油，材料非常致密，具有很好的防水功能。还有些建筑在灰浆中掺入色剂，以便砖缝实现个性化的装饰效果。

Part II
石材与石外墙

20 世纪 10 年代后，随着钢筋混凝土结构的兴盛和新古典主义风格的流行，集承重与装饰功能于一体的清水砖墙也渐渐退出了大型公共建筑的领域，主要留存于里弄住宅等小体量建筑中。此时重要的公共建筑，则采用石材和仿石材料作为主要的外墙材料。

• 石材种类
· 花岗岩

花岗岩硬度高、耐磨损，具有良好的抗腐蚀性，在外墙石材中应用最多。近代上海用于建筑外墙的石材主要就是花岗岩，习惯上按照石材产地对其命名。但由于大多数建筑缺乏准确的石材产地记录，如今只能结合民国时期的《建筑月刊》等文献记录以及石材的特点，对历史建筑的石材产地进行推测。

据记载，上海近代建筑使用的花岗岩产地多为苏州、宁波、山东等地，也有部分是海外进口的，其中又以苏州最多，时称"苏石"。苏石分为金山石和焦山石两种，如今大家更为熟悉的是金山石，但其实金山石产量不多，反而是焦山石产量较多。

金山石因其产自苏州城西南的金山而得名，石性较硬、石纹较细，色略微黄或淡红。焦山石产于苏州吴县焦山，石质较金山石为次，石纹较粗，内黑点（云母）较多，色带青灰白。

苏石在上海近代建筑中应用较多，虽常听闻外滩建筑群大多采用金山石，但笔者在比对中也发现其实各建筑使用石材还有差异。目前见于当时文献所载，如工部局大楼（1922）、金城银行大楼（1927）、中国银行大楼（1937）等均采用苏州产花岗岩，但究竟是金山石还是焦山石，有待再行辨别。

另有香港石，产自香港九龙，色泽灰白，含有电母石黑点。外滩12号汇丰银行大楼、18号麦加利银行大楼均采用香港石外墙。

而随着石材使用量的加大，其它地区的石材也进入上海市场，如著名营造家陶桂林在山东青岛设厂的"中国石公司"，所用原料产自山东各地且色彩种类多样，如产于崂山的黄花岗石、红花岗石等，其产品曾用于百乐门舞厅、百老汇大厦、大新公司等重要建筑。

另一种灰白色的花岗岩在外滩建筑中也较为常见，被称为日本花岗石或"德山石"（Tokuyama granite），其产地在日本山口县德山市。1924年建成的外滩24号横滨正金银行大楼的立面即为日本花岗石，而1921年建成的汉口路原中南银行大楼历史资料中也注明了其外墙使用了德山石。

黑色花岗石，是花岗石中不太常见的类型，据说20世纪30年代在美国的建筑中流行，质地坚硬，经处理后色泽光亮。上海国际饭店底层至三层外墙装饰采用的就是中国石公司采自山东胶县大珠山的黑色花岗石，是这类石材在上海最为著名的应用案例。

青石

青石（绿石）色青，略带灰白，质地较软，便于雕刻，也是上海近

（图 2.10）金山石样品与金城银行（左）和华俄道胜银行（右）石材比较

代建筑外墙的主要材料，且多与清水红砖结合使用。

据记载，青石的产地多为浙江宁波大隐，相传大隐自汉代即已开凿取石，延续至今。因所产石料质地好、适用性广，在宁绍地区广为使用，也被称为"大隐石"。

- **大理石**

大理石是一种变质岩，其色彩、花纹丰富，装饰性强，是良好的建筑装饰用石材，但因其耐腐蚀、耐磨损性较花岗岩差，不宜用于室外。近代建筑中的大理石主要用于室内装饰，且多依靠意大利、墨西哥等地进口，意大利商人勃多喜就曾携带大理石加工设备，在上海开设培尔德大理石厂等。

用于建筑外墙的大理石主要是白色大理石，俗称"汉白玉"，颜色洁白，质地细腻坚硬，自古以来也是中国传统建筑上等的建筑和雕刻材料。在近代曾活跃于上海的建筑师中，邬达克对白色大理石似乎特别钟情，在诸多作品中都采用了白色大理石雕刻作为外墙材料，如福州路美国花

（图 2.11）汇丰银行外墙采用的香港石

旗总会大楼顶层、四川中路四行储蓄会大楼底层与二层等，墙面都采用了雕琢精美的汉白玉大理石。

- **石材纹理**

　　除了使用的石材种类不同，石材外墙还可根据设计效果采用不同的表面加工方式。石材自石矿开出时，表面多为毛面，需通过人工打毛坯、斩凿、锥凿、打边、磨光等工艺，才可呈现出不同的石材纹理效果。

　　以花岗岩外墙为例，常见的石纹类型有麻点、直纹斧剁、席纹、起槽、四边打光以及蘑菇原状石（也称"毛面石"）等。

　　麻点石纹的做法是使用凿、斧等工具将石面凿琢成坑洼的小圆点，在阳光下形成朴拙的光影效果，如北京东路原国华银行大楼外墙等；直纹石面则采用斧剁的方式斩剁出竖、横或斜的纹理，如外滩中国银行大楼底层外墙等；另有建筑基座层采用蘑菇状原石作为外墙饰面，呈现出

（图 2.12）国际饭店底层至三层采用黑色花岗石外饰面

稳重、粗犷的效果，如外滩怡和洋行大楼底层等。

为加强石块接缝处灰缝效果，还有将石块周围边凿琢成斜口或凹口的做法，形成强烈的光影对比，称之为"打边"。通常打边宽度约一寸，如延安东路原大北电报公司大楼即采用麻点加打边的做法。

· **石材构造**

上海近代建筑已采用钢混框架结构，因而几乎没有像欧洲中古建筑一样用石块直接砌筑外墙的做法。上海近代建筑的外墙多采用在墙体外再砌筑石块或镶贴石板，即"包石墙"的做法。包石墙的砌筑特点是底层石块厚度较大，至上层逐渐变薄或改用石板，立面呈现清水石墙的外观效果。如中国银行大楼东楼为十五层的钢框架清水石墙建筑，其滇池路和圆明园路外墙均采用平整的苏州花岗石镶嵌，石板厚 120~180 毫米，底层花岗石则更为厚重，最厚处达 1 米。

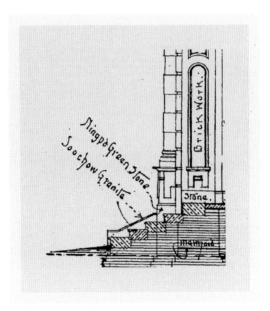

（图 2.13）1909 年建筑图纸中标注的 Soochow Granite（苏州花岗岩）
和 Ningpo Green Stone（宁波青石）

額	色	意	大	利	大	理	石	價	目	表
名			稱		厚	度		價		格
Rosso Verona					六	分		洋 二 元 八 角 五 分		
Mandorlato Ambrogio					六	分		洋 三 元		
Verde Alpi					六	分		洋 五 元 九 角		
Rosso de Levanto					六	分		洋 五 元 五 角		
Onice Portoghese					六	分		洋 六 元 五 角		
Ohismpo Perla					六	分		洋 四 元 三 角 五 分		
Portoro					六	分		洋 六 元 三 角 五 分		
Nero de Belgeo					六	分		洋 五 元 九 角		
Bardiglio Souro					六	分		洋 三 元 六 角 五 分		
Bardiglio					六	分		洋 三 元 三 角		

（图 2.14）意大利进口大理石名称和价格

（图 2.15）四川中路四行储蓄会大楼白色大理石外墙装饰

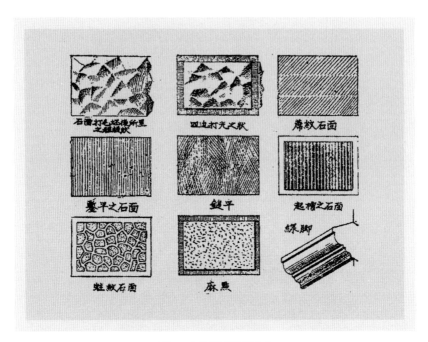

（图 2.16）常用石面处理方式

近代常见的包石墙做法有两种：

第一种，在墙面基层上预先按照石料位置埋入铜或镀锌铁夹片，将石块放入相应位置钩牢，再在石块与砖墙间灌注黏结砂浆。此做法多用于墙面石板的镶贴。

第二种，在结构墙体外侧砌筑较厚的石块形成底层基座，石块形状采用较粗犷的条状石、蘑菇原状石等。

此外，近代建筑石材搭接构造做法也较为成熟，据 1936 年《建筑月刊》记载，常用的石材搭接做法有雌雄接缝、定笋结合、避水搭接三类，其中雌雄接缝可分为雌雄接、三均接、水泥胶接、插笋接、卵石接等。

石材外墙的勾缝主要有平缝、凹缝与凸缝三种。其中平缝、凹缝使用较多，石材间的缝隙多为稀缝，外用桐油石灰勾缝；凸缝是在石材砌

（上图 2.17）国华银行大楼外墙麻点石纹；

（下图 2.18）外滩怡和洋行大楼底层蘑菇状石材饰面

（图 2.19）大北电报公司石材外墙麻点加打边做法

（图 2.20）汇丰银行大楼施工中砖砌外墙尚未挂贴石材的工程照片（1922 年 6 月）

筑后，在石材缝隙外勾砌突出石面约 5 毫米、宽 10 毫米左右的白色勾缝，勾缝材料由白水泥与黄砂配制。此类凸缝制作相对繁琐，且因凸出于墙面而易于损坏，使用较少，现存的应用案例包括外滩 18 号春江大厦等。

Part III
仿石粉刷外墙

石材作为外墙材料庄重稳固，非常理想。但上海本地毕竟石材资源不丰富，取材、运输、加工、安装等都较为困难，导致石材外墙的成本较高，因此在近代建筑中常常采取石材与仿石材料混合使用的方式。如建筑的主要立面采用天然石材，非主要立面采用仿石材料或清水砖墙；

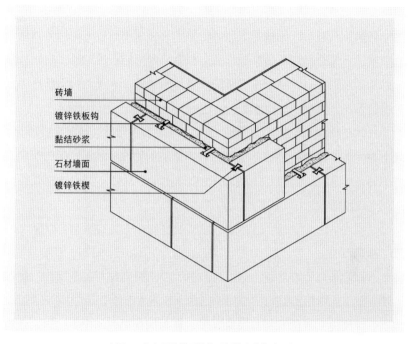

砖墙

镀锌铁板钩

黏结砂浆

石材墙面

镀锌铁楔

（图 2.21）包石墙镶石块墙面插铁安装构造示意

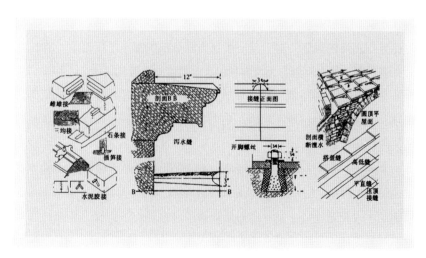

（图 2.22）石材搭接常见做法示意

或是一、二层等建筑下部采用天然石材，上部采用仿石材料或面砖的方式。

所谓仿石材料，又称为石渣类粉刷，是指采用石粒、砂浆等骨料制成的模仿天然石材效果的粉刷饰面。根据所采用的石粒粒径、材质、色彩以及工艺的区别，可形成丰富的外墙饰面效果。常见的仿石粉刷主要有水刷石、斩假石、干粘石等。

在此补充一下，关于"粉刷"称谓，在北方多理解为面层涂料涂刷，而上海传统"粉刷"则包括了底层、饰面层的处理和装饰，相当于北方所称的"抹灰"。此外上海传统中也有称之为"批荡"的，大抵是英文plaster 的音译。

· 水刷石

水刷石的制作方法是将水泥、石屑、小石子等材料加水搅拌，抹在外墙表面，半凝固后用硬毛刷蘸水刷去表面水泥浆而使石屑或小石子半露，硬结后饰面达到模仿石材的视觉效果。在外墙饰面的制作中，也会选用不同色泽、粒径、质感的石屑、石子，或掺入颜料，以达到模仿花岗岩、青石、大理石等不同石材的效果。

水刷石，上海方言称作"汰石子"，东南亚称之为 Shanghai plaster，可见其与上海的渊源关系，但一般认为水刷石起源于近代日本。相传在1916 年外滩 4 号有利银行大楼修建时，上海本地工匠从日本工匠那里"偷师"学到了水刷石技术，将其发扬光大并在本地广泛传授，遍地开花。最终，上海工匠在技术上超越了日本工匠，Shanghai plaster 的名声也远传东南亚地区。

实际上，水刷石的运用显然早于 20 世纪 10 年代。1906—1908 年建成的外滩 19 号汇中饭店底层就采用了水刷石饰面，营造商为浦东王松云创建的王发记营造厂，从水刷石效果看，其在选石、配比、质感、转角细节等方面的工艺均已相当成熟精湛。

20 世纪 10 年代之后，水刷石在建筑中应用广泛，尤其是 20 世纪

20—30 年代的公共建筑大多采用水刷石作为外墙饰面，甚至也有部分建筑在原清水砖墙外施以水刷石饰面，从而使建筑立面发生了较大的风貌变化，这种"红转灰"的最典型例子是黄浦路上的礼查饭店。

水刷石不仅具有仿石效果好、易于加工、造价便宜等优势，作为人工材料，可通过塑形、翻模、预制等手段制作安装，也便于制作复杂的花饰。

建成于 1923 年的四川中路卜内门洋碱公司大楼是典型的新古典主义建筑，建筑壁柱柱头、檐口、山花等，细节精美、层次丰富、做工精良，为水刷石新古典主义外墙装饰的精品。

水刷石因其易塑性被装饰艺术派（Art Deco）建筑所青睐。建成于 1927 年的东亚银行大楼，在外立面壁柱、窗间、檐口等部位采用水刷石几何形式装饰，塑造了挺拔简洁的建筑形象。

水刷石也可通过在砂浆中添加颜料而产生不同的外墙色彩，最为典型的实例是建于 1954 年的原中苏友好大厦（今上海展览中心）。大厦外墙的水刷石砂浆中掺加了淡黄色的颜料，配以米白色方解石，使整个外墙都呈现出柔和的淡黄色调。

水刷石工艺因其经济性和便利性，一直沿用到了 20 世纪 90 年代初，在上海一些 20 世纪 80—90 年代的建筑中还常见水刷石的踪迹。到这个时期，水刷石的工艺虽未有大的改变，但或许因当时审美或材料的原因，除石子石屑外，还会在骨料中掺杂绿色或棕色的碎玻璃渣，阳光下闪闪有光，体现出一些时代特色。

· **水磨石**

水磨石，传统称为"磨石子"，多用于室内地坪，偶尔用于局部外墙，见于门框、壁柱等处。究其原因是受工艺影响，水磨石以人工现场制作为主，研磨难度高，所用石料亦不同于水刷石，宜用于平面而不宜制作复杂的花饰。

（左图2.23）汇理银行（1914）水刷石装饰；
（右图2.24）外滩19号汇中饭店历史照片

（图2.25）礼查饭店清水红砖外墙上色照片

（图 2.26）礼查饭店水刷石外墙饰面

（图 2.27）卜内门洋碱公司大楼（1923）新古典主义水刷石装饰（左图）和细部（右图）

（图 2.28）东亚银行大楼装饰艺术派水刷石装饰（1927）

（图 2.29）原中苏友好大厦（1954）淡黄色水刷石饰面

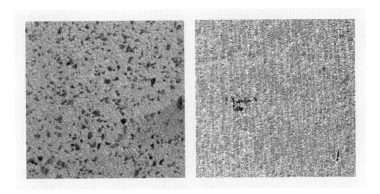

（左图 2.30）上生 · 新所掺杂碎玻璃渣的水刷石外墙饰面（20 世纪 80 年代）；
（右图 2.31）新华路 200 号建筑斩假石外墙饰面

· **斩假石**

斩假石，又称"剁斧石"，是用石屑作骨料，与水泥、水拌合抹在建筑表面，待硬化后用斩斧（剁斧）等工具剁出石纹的一种人造仿石装饰。有些外墙面使用花岗石屑作骨料，实现模仿天然花岗石的效果。

由于斩假石系人工斧剁而成，手工工作量大，因此仅用于建筑外墙局部，如西藏中路沐恩堂栏杆、黄浦路礼查饭店廊柱柱础等。斩假石磨损或后期涂料覆盖后，原有的斩剁肌理会变得不清晰，因此现存斩假石原物已较难辨别。

上海作为近代中国开埠城市的代表，建筑体现出多样、包容的风格特色，其外墙正是这种多样性的直接体现。外墙的多样性是社会、材料、技术等诸方面共同作用的结果，也是外来经验本土化、地域化的结晶。笔者希望通过挖掘和梳理上海近代建筑中最为常见的砖外墙和石外墙类型、材料及技术工艺，为深入认知和保护这些建筑遗产提供一些借鉴与参考。

（三）

杜彥耿

第二章

第一節　甎瓦

甎之發明時期甚早，最早者，係用土製之塊，在日光下曬乾後施用。現在我國內地，如沿津浦鐵路綫兩旁村舍，咸用土塊。玆製甎最早之史蹟，據日本工業大辭典第九冊第三九九五頁載煉瓦沿革：『煉瓦之起源頗古，攷古家曾於尼羅河深處，發掘煉瓦碎片，推其年代，遠在西曆紀元前一萬年。又巴比倫之宮殿，希臘，羅馬等之建築物，咸用煉瓦。印度上古亦有良好煉瓦之製造。中國朝鮮，自古即用煉瓦，搆築城堡。』又據亞狄氏著：

Audels Masons and Builders Guide 第一冊內載：『製甎之技工，其淵源殊早；日下曝乾土塊之施用，更遠在最早史實之前數千年。』亞凱特（巴）比倫之前

關於造甎年表，常西曆紀元前三千八百年，[亞凱特（巴比倫之前]。據中國人之申述，謂

薩宮時代人類濱幼芬蘭與泰葛利斯（Euphrate河在亞洲土耳其，長一千八百英里。Tigris河，自德維續績東南向，一千一百五十英里，相近波斯灣，溝通幼芬蘭河者。）兩大江居處，因在該江兩岸冤得殊不整齊之土塊，諸知該種土塊，可以築牆建屋；嗣後進一步，即有煉甎之製造，以建巴比倫塔。』

在紀元前六〇四至五六二年，巴比倫王尼培嘉（Nebuchadnezzer）時代，巴比倫與亞敍利亞（Babylonians and Assyrians），非特嫻於煉甎，並於甎面燒出美麗之磁光。

（附圖十三）

（附圖十四）

甎坯製成，置於露天使乾，俟乾燥後入窰燒煉，或將甎坯售與窰主。

Chapter 3

—

砖之拾遗：
杜彦耿《营造学》中的砖

—

The Bricks in
"The Science of Building"
by Du Yangeng

砖，是历史最悠久、使用最频繁的人造建筑材料之一。古埃及遗迹中已有泥土烧结后的砖瓦碎片，古巴比伦、古希腊、古罗马时期的制砖和砌筑技术已经成熟，且有实物保留至今。

现代建筑工业的发展，使得更加多样的新型材料被广泛应用，而使用历史已近万年的传统黏土砖，因其生产需消耗黏土资源，导致了耕地流失、地表植被破坏等问题，加之烧制过程的能源消耗和污染物排放等因素，从 2002 年起，中国已开始限制和禁止使用实心黏土砖，并最终在 2021 年进行了全面禁用，使今人对这种历史悠久而廉价的建筑材料反而生疏起来。

然而，随着近年来上海城市更新加速推进，砖（尤其是清水砖墙）作为历史风貌呈现的主要载体之一，相关图集资料又被人们从故纸堆中挖掘出来，老砖、新砖、黏土砖、陶土砖等重新进入大众视野，砖的价格也早已不能同日而语，恐怕几年前谁也不会想到，这熟悉又陌生的砖会在几年后"逆袭"成为当代城市更新中的新宠。

关于近代砖的类型和特点，本书的《上海近代建筑的砖与石》一文已做过介绍，相似内容不再赘述。本文将重点关注近代上海市建筑协会创办的专业杂志《建筑月刊》中，其主编杜彦耿从 1935 年第 3 卷第 4 期起，在专栏《营造学》中连载的八期围绕砖和砖作工程的文章，以向时人介绍"西风东渐"下西式砖和砖墙砌筑等相关知识。近 90 年过去了，笔者重读这些旧文，且配以其他图文佐证，算是对《上海近代建筑的砖与石》的拾遗补充。

Part I
杜彦耿与《营造学》

杜彦耿（1896—1961），浦东川沙人，曾经营杜彦泰营造厂，1931 年发起成立上海市建筑协会（Shanghai Builders' Association），并与王皋荪、

（图 3.1）《建筑月刊》第 3 卷第 4 期《营造学》专栏页面

谢秉衡、陈寿芝、陶桂林四人一同担任主席团成员。协会主办的《建筑月刊》于 1932 年 11 月创刊，由杜彦耿担任主编、主笔，除使用本名"杜彦耿"外，也常以笔名"杜渐""渐""彦"发表文章，曾组织编撰并出版《英华·华英合解建筑辞典》，是近代营造家和影响深远的著名建筑媒体人。

　　杜彦耿的个人照片很少，本人形象多以合影形式见于《建筑月刊》。

　　《营造学》是杜彦耿在《建筑辞典》连载后的又一连载。他在《营造学（一）》的"绪言"中提到，自己曾在 20 年前阅读英国麦却尔所编《建造与绘图》（*Building Constructionand Drawing*）一书。该书属于英国米歇尔兄弟的"米歇尔建造学系列"（Mitchell's Building Construction Series）图书，被用作伦敦摄政街工艺学院（Regent Street Polytechnic）"建造学"课程的专用课本，从 19 世纪末到 20 世纪中叶期间，出版过 20 多

（图 3.2）正基建筑工业补习专门学校教师合影，后排右一为杜彦耿

（图 3.3）欢饯茂飞建筑师返美留影，前排右二为杜彦耿

个版本。

　　《营造学》则是杜彦耿有感于当时国内建筑学校课本都为西文课本，尚不能适应我国建筑工程实际，于是以西文课本为蓝本，结合国内实际情况撰写并在《建筑月刊》上连载，以作为国内建筑工程的实用性教学材料。《营造学》与英国《建造与绘图》渊源颇深，根据潘一婷教授的比对研究，《营造学》中共有 600 多张插图，其中约 $\frac{5}{6}$ 直接取自米歇尔的《建造与绘图》。

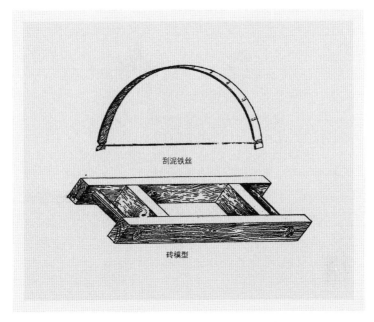

刮泥铁丝

砖模型

（图 3.4）手工制砖的工具：刮泥铁丝（上）与木制砖模型（下）

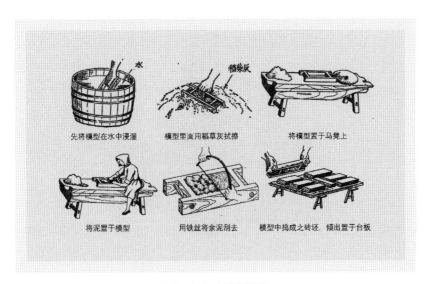

水

稻柴灰

先将模型在水中浸湿　　　模型里面用稻草灰拭擦　　　将模型置于马凳上

将泥置于模型　　　用铁丝将余泥刮去　　　模型中捣成之砖坯，倾出置于台板

（图 3.5）手工制砖流程图示

（图 3.6）万国式软泥制砖机

（图 3.7）培格（Berg）干压制砖机

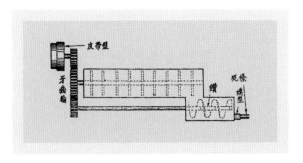

（图 3.8）钻压机剖面示意，上部长筒用于拌泥，下部为钻压头与挤塑砖泥条的模型

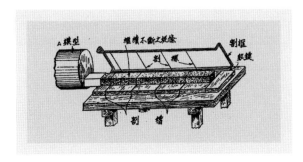

（图 3.9）将泥条切割为砖块的示意

《营造学》专栏自《建筑月刊》1935 年第 3 卷第 2 期开始连载，至1937 年第 5 卷第 1 期停载，共刊登 22 篇，图文并茂，内容涉及建筑概论、土方工程、砖瓦、石作、木作、钢窗、五金、楼板等，是近代中国建筑营造教育的重要文献。

Part II
甋甎（砖）

"甋甎"在《建筑月刊》分为两篇连载；第二章第二节"砖作工程"分为六篇连载。

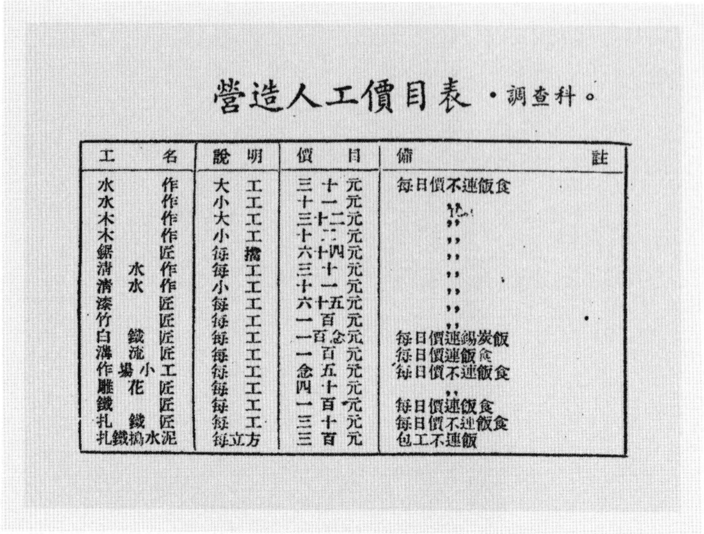

營造人工價目表 ·調查科。

工名	說明	價目	備註
水作作匠	大工每	三十元	每日價不連飯食
水作作匠	小工每	十一元	〃
木作作匠	大工擡	十三元	〃
木鋸作匠	大工每	十六元	〃
清漆作匠	小工每	三十一元	〃
清漆作匠	小工每	十六元	〃
白竹作匠	每	一百元	每日價連錫炭飯
水作雕鐵	每	一百念元	每日價連飯食
水鐵流匠小花	每	念五十元	每日價不連飯食
扎鐵搗水泥	每立方	四十一百三十	每日價連飯食 包工不連飯

（图 3.10）"营造人工价目表"中"水作"工人的价目较低

　　甋甎，"甋"读音为 lù，意指长方形的砖；"甎"读音为 zhuān，为"砖"的异体字，比繁体的"磚"更加生僻。

　　"甋甎"一节主要介绍了砖的生产流程。文中提到制砖时兼用手工和机器，制作方法分为手工、软泥、干压与坚泥四种。

　　手工法为我国传统制砖方法，使用普遍，但在近代上海已逐步被淘汰。手工制砖是将黏土在池槽中和水，通过人或牛踩压，使水与黏土混合成均匀柔韧的泥，再将泥嵌入木制或金属模型中，用刮泥铁丝刮去模上余泥，最后将砖坯自模中扣出，经风干后炼烧成砖。考虑到砖风干炼烧后往往会收缩，砖模型的尺寸略大于成品砖块。

　　软泥法是将柔韧的黏土放入模型压出后倒置于台板，与手工法的差异主要在于手工法靠人或牛踩踏，而软泥法则靠机器压制。

　　干压法采用机器重压将泥质松脆的干土压制成砖形，且压制成型的砖坯不必晾干，可直接至砖窑烧炼。

坚泥法是将泥加水揉润后加入钻压机（或称坚泥机），钻压机旋转将泥迫压旋出，经过旋钻末端之模型而成连续不断的直条，直条旋出后可用钢丝切割成块。用坚泥法不但可以造砖，也可制作各种形式的瓦片等，制作时仅需在钻压的末端装以瓦片模型即可。

Part III
砖作工程

《营造学》第二章第二节为"砖作工程"。砖作，俗称水作，即专门组砌墙垣的技工，营造商行会"水木公所"中的"水"即指"水作"。"水作"在近代营造工种中是从业人数较多、技术含量较低的工种，从当时的营造人工价目表中可见"水作"的人工价格是各工种中较低的。

关于砖的尺寸，"砖作工程"中引用了英国建筑学会与砖业公会共同制定、1904年5月1日起开始实施的"定律"，将其作为建筑说明书的标准：

"（一）砖之长度，必倍于砖之阔度；并须加一头缝之隙地。

（二）砖之厚度，以四皮砖加四条灰缝，等于一尺。

（三）头缝应为二分，长缝须加半分为二分半，因砖之上下边口，多呈曲屈，不能整齐一线之故。如此走砖长度之中到中为九寸二分。"

此"定律"中的"头缝""走砖""顶砖"等称呼，与当下的术语略有不同，笔者结合原文释义对其再作解释，以便读者了解当时称呼。

"头缝"，指墙面上的竖向灰缝，头缝必选"间皮骑花"，即两皮头缝不可在同一直线。"走砖"即眠砖、顺砖，砖的长边露出于墙面；与之相对应的是"顶砖"，即丁砖，砖的窄边露出于墙面。

此外，还有结合砌筑需要，将砖进行砍截加工的做法，称为"找砖"

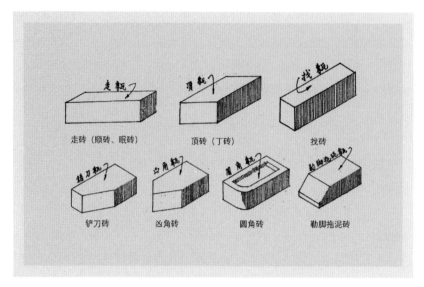

（图 3.11）常见砖的称谓，括号内为现在常用叫法

或"铲刀砖"。"找砖"，是指将整块砖剖成所需要的长度，如剖去一半谓之"五分找"，剖去十分之三谓之"三分找"，剖去十分之七谓之"七分找"。而将砖截去一角，谓之"铲刀砖"；如将砖的两边二角截去，成一不整之方角砖，称为"凶角砖"；如将砖的一角磨成圆形砌筑于墙的外角，称为"圆角砖"；将砖的一边制成斜坡形或线脚，砌筑于勒脚最上一皮衔接正墙身，称为"勒脚拖泥砖"。

这篇文章对砌筑砂浆也作了阐述。砌筑砂浆也称为"灰沙"，系石灰与沙泥或水泥与黄沙的混合物，其中用沙应清洁、有棱角，无泥质混杂，以纯粹沙粒者为佳；灰则为石灰或水泥。灰沙的混合成分"最佳最坚强者，用一分石灰或水泥与二分沙泥或黄沙拌合之"。水泥灰沙的混合比例，自一分水泥对二分黄沙至四分黄沙不等。

灰沙在硬化的过程中需要水分，因此砖未用之前应先用水浸透，避免干砖将灰沙中的水分吸干，也因此在冰冻期不能进行砌砖施工。

Part IV

砖作工具

砖墙砌筑，作为最传统的"水作"施工，也具有一套成熟完善的施工工具。

泥刀，在砌筑中最为常用，既可劈砍、修削砖瓦，又可填敷灰沙（如俗称的"满刀灰"做法）。泥刀取材容易、制作简单、造价便宜，使用最为广泛。

中华人民共和国成立后，各行各业学习苏联，木柄与铲结合的"苏联式泥刀"也在国内流行起来，其使用手法和传统泥刀差异较大，主要用于挖、挂、铺，在如今工地上也较为常见。但在近代上海，这种苏联式泥刀并不普遍。

砖墙砌筑后，还要对室内室外墙面进行抹灰，用于抹灰刮涂的工具称为镘刀，或称"抹子"。其中铁镘刀（俗称"铁板"）用于内外粉刷的刮底及次要粉刷；钢片镘刀（俗称"钢皮铁板"）可用于各种粉面的压光。另有一种"木蟹"，用于水泥黄沙浆或黄沙石灰粉面，经洒水后将其用木蟹压平，使得表面色泽均匀不反光，但木蟹不适用于其他粉刷。

由图3.12、图3.13可见，苏联式泥刀的外观与抹灰使用的镘刀（铁板）有些相似，但也有差别。一是把手和立柱位置不同，镘刀的把手更为居中，以便抹灰时发力；二是镘刀头部多是方形，除非是出于特殊需要才会将头部做尖。这些细微差别，外行并不容易察觉。作家金宇澄的绘画中常出现历史建筑，其中一幅讲述屋面修造，如图3.15中，图右为使用传统泥刀修削砖瓦，图左使用的镘刀又形似苏联式泥刀。

清水砖墙在砌筑后还要对砖缝进行嵌缝勾缝，使砖缝挺括、横平竖直，这种美化工作需要用到端头与砖缝同宽的勾缝条。常见的勾缝条有凹圆形和平头等形状，其中凹圆形勾缝条可勾出灰缝饱满的元宝缝。

对于大面积的墙体砌筑，为实现平齐，需要使用很多校准平直的辅

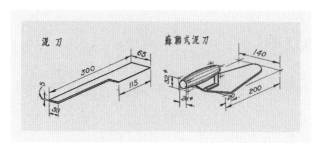

（图 3.12）传统泥刀（左）与苏联式泥刀（右）

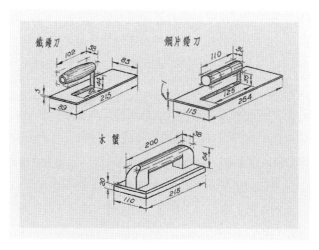

（图 3.13）镘刀与木蟹

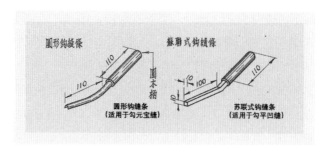

（图 3.14）勾缝条

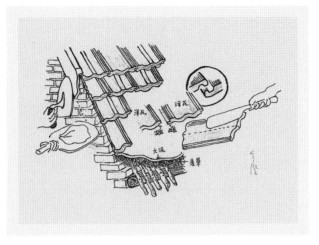

（图 3.15） 金宇澄绘画中的泥刀

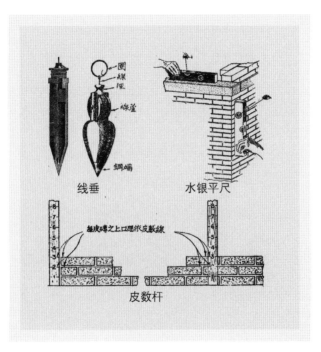

（图 3.16） 常见的砌筑平齐辅助工具

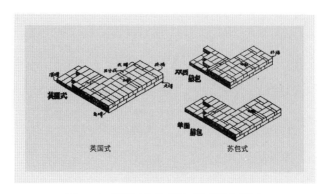

（图 3.17）"英国式"和"苏包式"组砌方式示意

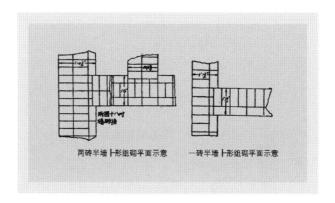

（图 3.18）两道砖墙相交时 $\frac{1}{4}$ 砖咬合方式平面示意

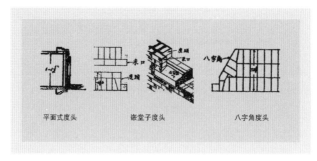

（图 3.19）门窗洞口"度头"的三种常用做法

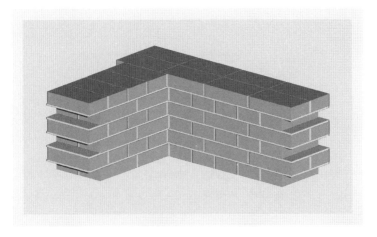

（图 3.20）阴角处竖向灰缝在各皮之间左右错动

（图 3.21）原日本银行京都分行（辰野金吾设计，1906）清水砖墙，
阴角处垂直勾缝在各皮间左右错动

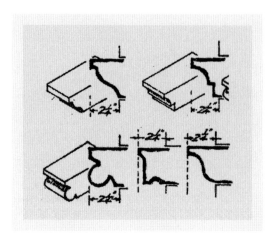

（图 3.22）台口线出挑砖形式，每砖出挑约为 2 $\frac{1}{4}$ 英寸（57.2 毫米）

助工具，其中有些沿用至今，如为确保墙体垂直所采用的线垂、为确保墙面平直所采用的水银平尺，还有用于控制灰沙厚度和整体高度的"皮数杆"。皮数杆的一面用墨线划出每一皮砖与灰缝的厚度，可用于控制砖墙砌筑厚度和水平度。

Part V
组砌方式

《营造学》"砖作工程"篇章中，具体介绍了砖墙砌筑的要求、形式和特点，称为"组砌方式"。文中列出的组砌方式有英国式、双面苏包式、单面苏包式、走砖式、顶砖式、席纹式、斜纹式和面张式等，并通过轴测图展示了不同砌筑形式的具体做法，其中"英国式"和"苏包式"是近代上海两种最常见的砌筑方式。

关于两种常见的砌筑方法在上海近代建筑中的应用情况，笔者结合多个调研案例进行了小样本抽样统计，从统计结果看，两种砌筑方式占比相当，且并无砌筑方式与原属租界区域的对应关系，故笔者推测，使用哪种砌筑方式，更多取决于设计者与营造厂的习惯手法。

砖墙砌筑中另一个应关注的点，是在墙体呈"∟"状转折或垂直相交时，两面墙组砌的方式：为咬接牢靠，一边墙每隔一皮缩进 $\frac{1}{4}$ 砖，另一边墙每隔一皮伸出 $\frac{1}{4}$ 砖。

相交两墙砌筑后交角处的竖向灰缝勾缝方式，通过砖墙的组砌方式也可清晰了解：阴角处竖缝应在每皮之间左右错动，而非一道竖向的通缝。

在国内清水砖墙修缮中，多先对灰缝进行凿缝开缝处理，致使阴角处原有的垂直灰缝错动位置难以判别，从而造成重新勾缝时发生错误。在日本等地还能看到近代留存下来的清水砖墙建筑及其保留下来的勾缝形式，可作为一种对照和例证。

《营造学》中将砖墙门窗洞口的竖直部分称为"度头"，度头形式分为平面式、嵌堂子和八字角三种。平面式洞口平直，多用于内门；嵌堂子在洞口外部伸出半砖"采口"，有利于外门窗密封；八字角则多见于较厚的墙体，在室内一侧放出 60° 或 45° 斜角，以改善室内采光。

台口线，即墙身上挑出的线脚，通过叠涩方式每砖进行悬挑，但原则上总挑出宽度不大于一砖的长度。又因造型需要，有时也采用石材、定制大砖、铁件等来辅助悬挑形成装饰台口线，在叠涩中每砖出挑约 $2\frac{1}{4}$ 英寸，即大约 $\frac{1}{4}$ 砖的长度，并在出挑端头削刨装饰线脚。

Part VI

墙体避潮层

为了防止地面下的潮气通过毛细作用上升到墙体内，致使墙体受到侵蚀，需在墙根处设置避潮层，传统避潮层有横置和纵横兼置两种。近代建筑的避潮层材料有五种，分别为薄石材片、厚沥青、釉面砖、青铅皮和油毛毡，其中以油毛毡运用最广。

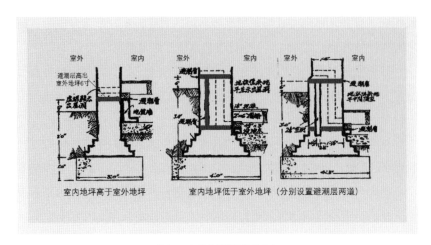

室内地坪高于室外地坪　室内地坪低于室外地坪（分别设置避潮层两道）

（图 3.23）墙体避潮层设置示意

避潮层的位置，最好设于室内地坪（泥皮线）以上六寸，最多不过一尺。凡木作工程的木料，均应置于避潮层之上。而室内地坪如低于室外地坪，则需分别设置两道避潮层，其中下面一道设在木搁栅的沿油木之下，上下两皮避潮层之间的墙身内设纵向避潮层，或留二寸半的空腔。

Part VII
法圈（拱券）

《营造学》文中的"法圈"，即拱券（音 xuàn）。提到拱券，就自然会想起现代建筑大师路易斯·康（Louis I. Kahn）那句"问砖想成为什么，砖说想成为拱"。

拱券形式多样，其曲线、拱高等都有严格的计算要求，这里不作赘述。《营造学》中对最常见的拱券规格给出了一种简易的计算方式，即拱高取拱跨度的 $\frac{1}{8}$，这种口诀式的简化操作在传统营造中运用最广。

此外，《营造学》中根据砖是否做刨削，把拱券分为了"毛法圈"

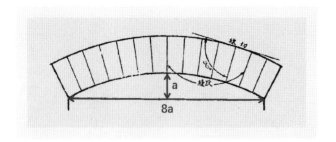

（图 3.24）拱高与拱跨比例示意

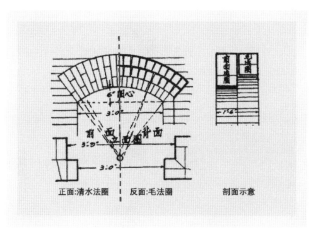

正面：清水法圈   反面：毛法圈   剖面示意

（图 3.25）砖拱券的清水法圈与毛法圈内外组合砌筑示意

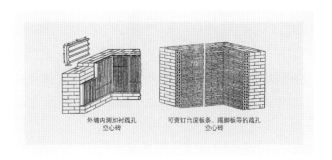

外墙内测加衬疏孔
空心砖

可资钉台度板条、踢脚板等的疏孔
空心砖

（图 3.26）用于墙体内衬的疏孔空心砖

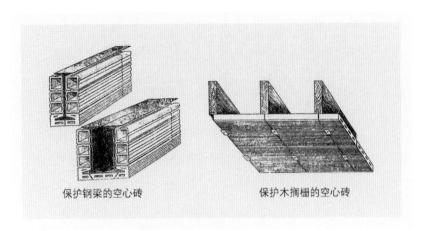

（图 3.27）用于防火保护的疏孔空心砖

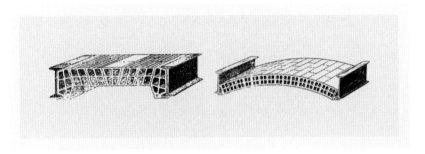

（图 3.28）撑于两钢梁间组成拱券楼板的空心砖

和"清水法圈"。毛法圈，即使用未经刮刨、厚薄均匀的砖，将灰缝做成上阔下狭的楔形，砌筑成拱券。毛法圈的砖均为侧砌，无立砌者。毛法圈主要为结构成券，因此视觉效果较差，多用于清水法圈背面，并需做表面抹灰。清水法圈是对砖进行斩、刨、削后形成楔形，使得砂浆灰缝宽窄均匀，较为美观，可直接用于外墙。

Part VIII
空心砖

除介绍传统实心砖外,《营造学》还特设一节介绍了空心砖。空心砖至迟在 20 世纪初已在上海使用,笔者在东方汇理银行（1914 年建成）、法国球场总会扩建部分（1917 年建成）等保护工程中均见到了空心砖使用的实例。

空心砖的特性为"疏孔"和"坚炼"。所谓"坚炼",即砖于半温时用机器挤压而出,使砖坯结实,烧炼后强度较普通空心砖更高,并根据坚硬程度和吸水率（小于 8%、8% ~ 12%、大于 12%）分为三档,其中前两档可作为墙体砌筑材料使用。

而"疏孔"的特性,使其主要可用于室内隔墙、外墙内衬墙、防火外包等。疏孔空心砖作为外墙内衬墙材料,可以起到保温隔热、防潮等效果。同时,采用壁厚较厚的空心砖,更便于钉台度（墙裙）、踢脚板、画镜线（又称挂镜线）等而不影响室内装修。

钢结构、木结构外也可采用疏孔空心砖包裹保护,起到隔热防火作用。其中,在木搁栅底用螺钉及铁件钉住空心砖,保护木搁栅的做法,主要用于厨灶区域上方的木楼板。

此外,《营造学》还介绍了在密肋钢梁间嵌入空心砖,形成拱券楼板的做法,这是在欧洲较为常见的一种钢结构建筑的楼板做法,两钢梁间距十尺至十五尺,但笔者在上海近代建筑中尚未见到如此实例。

砖作为已使用数千年且广泛应用的传统材料,杜彦耿仍用足足八期《营造学》专栏的笔墨对西风东渐背景下的砖和砖作工程作了详细解读,以资惠及近代中国营造业。如今,虽然砖已渐渐淡出现代建造工业,但有关它的近代文献作为历史建筑修复的基础知识,仍值得重新挖掘、品读。

Chapter 04

–

国货之光：
薄而轻的泰山面砖

–

Thin and Light
Tai-Shan
Facing Brick

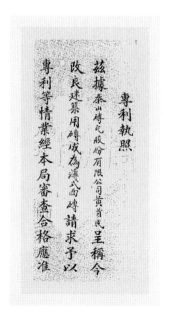

（图 4.1）泰山砖瓦股份有限公司薄式面砖专利执照（局部）

近代建筑在西风东渐的过程中，许多材料和工艺经历了从无到有和从舶来到本土化的流变，甚至一些材料和工艺也曾因领先的技术和行业影响力而被重新命名，最典型的如水刷石，其在香港和东南亚地区被称为 Shanghai plaster，用一种新的属地化名称取代了原本的舶来品冠名。与此类似的另一个业界熟悉的名称，则是用于建筑外墙的"泰山砖"。

Part I
泰山砖瓦股份有限公司

"泰山砖"是泰山砖瓦股份有限公司生产的面砖的俗称。1921 年 10 月，民族实业家黄首民在浙江嘉善创办"泰山砖瓦股份有限公司"，生产机制青红砖瓦。为适应上海市场的需要，他于 1922 年 9 月 19 日在上海新龙华港口镇购地开设泰山砖瓦股份有限公司第二厂。

泰山砖瓦厂开办初期，购置美国制砖机器，建造美式圆窑，以生产红、青机平瓦，红、青砖以及空心砖为主，其产品还获得1925年"江苏第三次省地方物品展览会"一等奖。

然而砖瓦生产的技术壁垒不高，随着本土砖瓦厂陆续兴建和外货倾销，市场竞争日渐激烈，需要有技术含量的新产品来取得竞争优势。

1927年，泰山砖瓦厂研制出了一种新产品——建筑用毛面砖，该砖以砖薄、质轻而胜过同期的进口面砖。同年《国货评论刊》刊文《泰山砖瓦公司新发明薄面砖》指出：

"泰山砖瓦公司新发明薄面砖，质地坚硬、颜色鲜明。……汰石子易于脱落、颜色晦暗。而该薄面砖质坚避湿热，无脱落之虞。向之用汰石子者，实因一时无替代之材料，自该薄面砖发明后，各打样师、建筑家莫不赞欢乐用。且有洋行数家，拟将此砖运销外洋。"

1927年8月11日《新闻报》本埠副刊还将泰山面砖与进口面砖和水刷石进行了比较：

"闻该公司为普及，定价低廉，较之舶来品，价半而物美。近又新发明薄面砖多种，……价仅与洗石子相仿，而用无脱落之弊。"

泰山毛面砖在市场上获得极大成功的同时也面临随之而来的各种仿制。有文献记载，1928年6月，"兹据泰山砖瓦股份有限公司黄首民呈称，今改良建筑用砖成为薄式面砖，请求予以专利等情，业经本局审查合格，应准其自发给执照之日起，享有前项改良建筑用砖成为薄式面砖之专利权十年"。泰山砖厂的"薄式面砖"从此获得了专利保护。

除专利保护外，泰山砖瓦厂也很重视商标保护。1928年11月15日，

（左图 4.2）暗红色泰山避水光面砖用于四行储蓄会大楼（今国际饭店）的广告；
（右图 4.3）白色泰山避水光面砖用于柏拉蒙跳舞厅（今百乐门舞厅）的广告

（图 4.4）从广告名称排列可知图中"泰山砖"指砌筑用的砖块，而非今人理解的"毛面砖"

泰山砖瓦公司向商标局注册泰山牌商标，取得专用权20年，三角形内"泰山"的缩写"TS"成为其产品商标。

1933年泰山砖瓦厂又研制成功"避水光面砖"并迅速投产，其中暗红色的避水光面砖即被运用在了近代第一高楼四行储蓄会大楼（今国际饭店）和杨锡镠设计的百乐门舞厅项目上。

光面砖的特点是有色彩而无反光，避水耐腐蚀，并且光面砖在外观上迎合了建筑风格从古典向现代转型的需要，因而市场需求激增。泰山砖瓦厂1936年试制各种釉面砖20余种，泰山砖瓦股份有限公司也进入发展黄金时期，"泰山面砖"成为当时最为人们熟知与最为市场接受的面砖材料，几乎成为面砖的代名词。

1937年泰山砖瓦厂被日本人占领，改组为"兴亚窑业株式会社"，直至1945年抗日战争胜利。1954年泰山砖瓦二厂实施公私合营，主要生产耐火材料以适应上海和华东地区钢铁工业需要，并改名泰山耐火材料厂，1956年更名上海耐火材料总厂。

Part II
面砖、泰山面砖与泰山砖

虽然如今人们常把暗红色或黄褐色的外墙毛面砖称为"泰山砖"，然而近代毛面砖并非泰山砖瓦厂一家独产，且泰山砖瓦厂是在大约1927年前后才研制生产出毛面砖的，那在此之前的毛面砖又叫什么呢？人们又是什么时候起以"泰山砖"代指此类毛面砖的呢？

笔者以近代最重要的中文建筑杂志《建筑月刊》和《中国建筑》以及其它近代文献为主要资料，辅以部分近代建筑的设计图纸，在其中均未发现直接将毛面砖称之为"泰山砖"的案例，即便在泰山砖瓦股份有限公司自身的广告中也并未出现代指面砖的"泰山砖"这一称谓。

那么作为"面砖"的"泰山砖"又是由何而来呢？

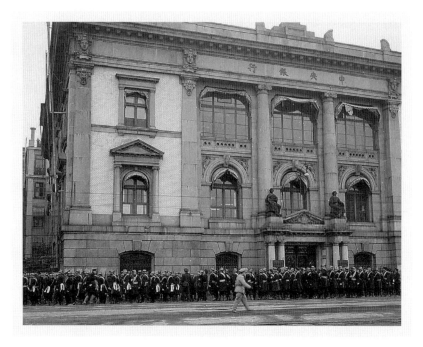

（图 4.5）1902 年建成的华俄道胜银行大楼（曾作为中央银行使用）
是最早采用光面砖作为外墙饰面的实例

　　面砖本是近代舶来品，由英文 face brick 或 facing brick 直译而来，即在墙体外贴砌的、用于装饰和保护墙体的砖，根据表面是否上釉分为毛面砖和釉面砖（或称光面砖，近代文献常写作"磁砖"）。学界一般认为 1902 年建成的外滩 15 号华俄道胜银行，其外墙的乳白色光面砖是近代上海最早采用面砖的建筑实例。

　　面砖的普遍使用几乎是与建筑采用钢混框架结构体系同步的。当外墙变成填充墙体，在外墙外施加装饰与保护作用的面层就非常必要，一类面层为水刷石等抹灰类面层，另一类面层即为面砖。又因面砖采用砂浆贴砌，需要其质地坚硬而质量轻，为此还研制出了"薄面砖"（thin face brick）。面砖的颜色比较丰富，有白色、暗红色、黄褐色、绿色等，而在近代文献中常被描述为"紫色"和"白色"。

20 世纪 20 年代的面砖市场竞争非常激烈，既有国外品牌进口，又有国内各家砖瓦厂的竞争，除了开滦矿务局、远东实业公司陶磁厂等主要聚焦在面砖的公司，常规砖瓦厂也会涉足面砖市场。

泰山砖瓦股份有限公司在 1928 年 6 月为其研制的"薄式面砖"申请了专利保护，20 世纪 30 年代，"泰山面砖"的市场占有率逐渐提高，在中文文献与图纸中也出现了以"泰山面砖"代指"面砖"的记录。

20 世纪 30 年代后的华人建筑师设计图纸中，也将立面面砖材料标注为"泰山面砖"或"Tai-Shan Facing Brick"，"泰山"终于与"面砖"合成一词，得到建筑师和营造商的共同认可。

不过此时的"泰山面砖"并非仅指代褐色毛面砖一种，而是光面、毛面、褐色、白色、黄色等各式面砖的代指，如北京西路贝氏老宅的白色光面砖、汉口路浙一大楼的红褐色光面砖等，均在历史图纸中称为"泰山面砖"。

综上，建筑面砖在近代时期起初并非称为"泰山砖"，而是到 20 世纪 30 年代后，随着泰山砖瓦股份有限公司优质面砖的市场占有率逐步提升，加之推崇国货的背景，建筑界才逐步采用"泰山面砖"代指建筑外墙面砖，且涵盖各色面砖种类，光面与毛面皆可称之。

根据近代文献，有据可查采用泰山砖瓦股份有限公司生产的"泰山面砖"的上海近代著名建筑有：四川中路四行储蓄会大楼（邬达克设计，来源：1927 年 8 月 11 日《新闻报》）、巨鹿路刘吉生宅（即"爱神花园"，邬达克设计，来源：1927 年第 1 卷第 10 期《国货评论刊》）、西藏中路基督教青年会大楼（范文照、李锦沛设计，来源：1929 年第 4 卷第 4 期《商业杂志》）、百乐门舞厅（杨锡镠设计，来源：《中国建筑》第 1 卷第 1 期）、国际饭店（邬达克设计，来源：《中国建筑》第 1 卷第 2 期）、茂名南路峻岭寄庐（公和洋行设计，来源：《建筑月刊》第 1 卷第 2 期）等。不难发现，邬达克是"泰山面砖"的坚定支持者。

建築工價表

名稱	數量	價格
清混水十寸牆水泥砌雙面	每 方	洋七元五角
柴泥水十寸牆灰沙砌雙面	每 方	洋八元五角
清泥水沙	每 方	洋七元
清混水十五寸牆灰沙砌雙面柴泥水沙	每 方	洋八元五角
清泥水十五寸牆灰沙砌雙面柴泥水沙	每 方	洋八元
清混水十五寸牆水泥砌雙面柴泥水沙	每 方	洋六元五角
柴泥水沙	每 方	洋六元
清混水五寸牆灰沙砌雙面柴泥水沙	每 方	洋九元五角
柴泥水五寸牆水泥砌雙面	每 方	洋八元五角
汰石子	每 方	洋八元五角
平頂大料線腳	每 方	洋八元五角
泰山面磚	每 方	洋八元五角
礦磁及瑪賽克	每 方	洋七元
紅瓦屋面	每 方	洋二元

（图 4.6）1933 年《建筑月刊》建筑工价表中已用"泰山面砖"代指面砖的工价

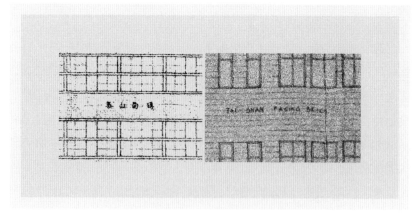

（图 4.7）20 世纪 30 年代后，华人建筑师设计图纸中已经使用
"泰山面砖"或"Tai-Shan Facing Brick"

（图 4.8）邬达克设计的四行储蓄会大楼采用泰山砖瓦厂生产的泰山面砖

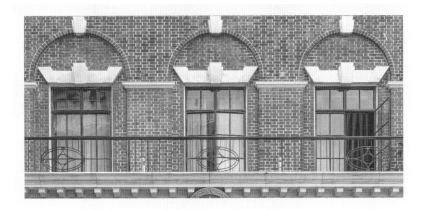

（图 4.9）美国花旗总会大楼（1923—1925）
红褐色毛面砖的铺贴位置和组合方式同清水红砖

（图 4.10）峻岭寄庐泰山面砖强调方向性的铺贴方式与装饰艺术派建筑风格相呼应

（图 4.11）西侨青年会大楼毛面砖拼贴而成的新艺术运动风格的墙面纹理

（图 4.12）马勒别墅毛面砖横竖成组的铺贴方式表明毛面砖已演化为纯粹的外墙装饰

（图 4.13）建于 20 世纪 30 年代的国泰大戏院，泰山面砖以三皮砖为一组，
每组之间横向勾白色灰缝，形成突出横向线条的视觉效果

（图 4.14）阿斯屈来特公寓（1933）黄绿相间对缝拼贴的光面砖

Part III
从模仿清水砖墙到纯粹立面装饰的面砖

面砖的运用推广离不开营造技术的发展与建筑风格的革新。当建筑承重结构由墙体转变为钢筋混凝土框架后，面砖作为一种保护和装饰外墙的材料应运而生。

早期面砖以模仿清水砖墙为主要形式，建筑立面多采用石材或水刷石作为基座，红褐色毛面砖贴砌在上部楼层，也采用丁砖与顺砖相间的错缝拼贴方式，砖间勾凹平缝，仿佛清水砖墙一般。

相比模仿清水红砖的红褐色毛面砖，黄褐色毛面砖的铺贴形式更加自由多变，可配合建筑风格来做特色的装饰。例如茂名南路峻岭寄庐泰山面砖强调方向性的铺贴方式与装饰艺术派建筑风格相呼应；西侨青年会大楼（今体育大厦）用不同颜色毛面砖拼贴出新艺术运动风格的墙面纹理；马勒别墅毛面砖横竖成组的铺贴方式表明，面砖已演化为纯粹的外墙装饰。

在毛面砖的粘贴和砂浆勾缝方面，《峻岭寄庐建筑章程》中有相关描述：

"面砖用水泥铺于墙上，其成分为水泥一分、黄沙三分，……砖缝嵌白水泥。"

除了采用白水泥勾缝以突出砖缝效果外，还有采用不同的勾缝颜色来达到设计效果的方式。如国泰大戏院外墙的泰山面砖以三皮砖为一组，每组之间勾白色灰缝，而组内勾缝颜色则与砖色接近，从而形成突出横向线条的视觉效果，与建筑装饰艺术派的风格相呼应。

相比毛面砖，光面砖（也称釉面砖、瓷砖）则在尺寸和铺贴形式上更加灵活自由，多采用对缝拼贴，色彩也更加多样，常见如黄色、绿色、白色等。光面砖完全表现为一种丰富多变的外墙饰面材料，也更多应用于装饰艺术派和现代派风格建筑中。

面砖作为近代建筑一种重要的外墙饰面材料，也是体现建筑风格演变的重要载体，从拼贴形式上粗略来说，错缝体现古典，而对缝更显现代。

经历了从模仿清水砖墙到纯粹立面装饰的演变过程，面砖成为 20 世纪 30 年代后最流行的外墙饰面材料。而近代面砖中的佼佼者当属"泰山面砖"，但如今所称的"泰山砖"与近代所指实则不同，也是一个因盛名而引发的"误会"。

THIN AND LIGHT TAI-SHAN FACING BRICK —

Chapter 05

—

瓦上生烟雨：
上海近代建筑的屋面瓦

—

Roof Tiles
in Shanghai Modern
Architecture

即便是最简易的房子，也需要四面"遮风"的围合和顶部"挡雨"的屋面。在钢筋混凝土结构尚未运用的古代，无论中外都选用更利于排水的坡屋面作为"挡雨"的屋面形式。坡屋面虽有利于排水，但在雨水丰沛的地区还需在屋面上覆盖防水材料，从原始的茅草、树皮、页岩等天然材料，再到各类人工合成材料，在满足屋面防水要求的同时，也成为体现建筑风格和形式的"第五立面"，是建筑的重要组成部分。我们姑且可将这些坡屋面上的防水覆盖物，统称为"瓦"。瓦是千百年来建筑屋面防水的重要材料，并一直沿用到近现代。

上海近代建筑中西混杂、类型丰富、风格各异，因此作为第五立面的屋面也呈现不同的形式，所采用的"瓦"也不尽相同。有关瓦的选择，有些是因为取材便利，有些因为风格和审美，有些则是因为构造需要。

形态多样的瓦，可按照外观形式分，如平瓦、筒瓦；可按照颜色分，如红瓦、青瓦；也可以按照材料分，如黏土瓦、陶土瓦、琉璃瓦、石板瓦、石棉瓦、金属瓦等。如采用严谨的分类和名称，反而可能令读者感到陌生，因此文中采用约定俗成的称呼，挂一漏万，仅作浅析。

· 小青瓦

小青瓦就地取材、造价低廉、制作简易，是中国传统民居中使用最为广泛的人造材料。小青瓦断面呈弓形，一头宽一头略窄，尺寸规格不一。小青瓦以黏土为主要原料，经泥料处理、成型、干燥和焙烧而成，经洇窑后呈现青灰色，故而得名，也称蝴蝶瓦、阴阳瓦等。

上海传统民居采用小青瓦是江南文化的体现。江南民居大多采用小青瓦，讲究点的房子在檐边还饰有花边、滴水瓦。上海开埠初期，西方人在材料受限的情况下，用土坯砖和抹灰做外墙，同时采用小青瓦作为屋面材料，建成了第一代"殖民地外廊式"建筑。

覆盖小青瓦的第一代殖民地外廊式建筑如今已经难以看到了，小青瓦在近代建筑中的使用则更多见于里弄建筑，尤其是老式石库门里弄中。

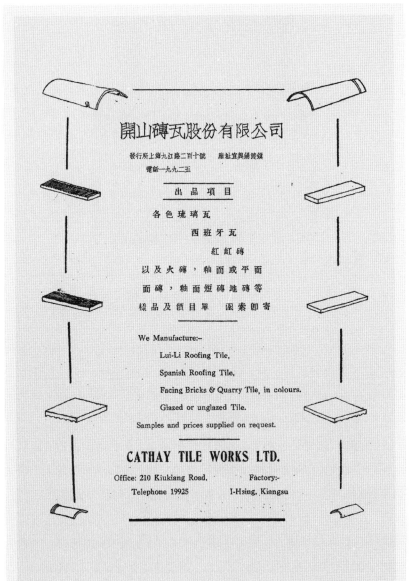

（图 5.1）近代砖瓦厂的各式砖瓦广告

（图 5.2）小青瓦背后常有线刻蝴蝶图案，蝴蝶上部为"天"字，
据传取"蝴蝶"沪语谐音"无敌"而寓意"天下无敌"之意

　　老式石库门里弄诞生于 19 世纪中后期，脱胎于江南传统民居，虽然在石库门门头和山花等处做了中西合璧的装饰，但是内部立贴式的木构架、小青瓦屋面，都体现了石库门里弄的江南文化基因，在现存的老式石库门里弄中，小青瓦屋面还随处可见。

　　除石库门住宅外，小青瓦在一些早期进入上海的教会建造的建筑中也得到了使用，最为典型的实例是圣约翰大学建筑群。圣约翰大学虽然由英商通和洋行设计，但按照学校创办者的要求，采用"中国之特质"，以清水砖墙和连续拱券为主的外立面配以江南民居的屋面。校园内建于 1894—1895 年的怀施堂，为两层砖木结构，正立面中央设塔楼，清水砖墙配以连续拱券的外廊，顶部为不做屋脊装饰的小青瓦歇山式屋顶。

　　西方人建的小青瓦房屋还有个特别之处，就是在檐口增设金属檐沟和落水管，在具有飞檐起翘的屋角处，檐沟也随着起翘，让国人颇感奇怪。传统的小青瓦屋面都是自由落水，方才有"房檐滴水，雨打芭蕉"的意境，

（图 5.3）1880 年黄浦路上第一代美国领事馆为"殖民地外廊式"建筑风格，
屋面采用小青瓦铺设

（图 5.4）采用小青瓦屋面的圣约翰大学怀施堂

（图 5.5）从圣约翰大学恩颜堂照片中可见，小青瓦屋面的檐口处设檐沟并随戗角起翘

而西方人则要有组织排水，哪怕屋檐高高翘起。

　　小青瓦运用广泛，但也有不少缺点：瓦片薄且质地较脆，时有破碎，影响防水；在构造上，小青瓦也存在天然的缺陷。它之所以又被称为阴阳瓦，就是因为它作为底瓦和盖瓦并无区别，阴阳两面皆可。其搭接方式是两片底瓦之上铺一片盖瓦，盖瓦搭七露三或搭六露四，形成竖向的瓦垄。雨水从瓦垄间的底瓦上倾泻而下，但遇到大暴雨时，雨水还是有可能从瓦垄间渗入，造成屋面漏水。

· 机平瓦

　　机平瓦，也称"平瓦"，加"机"字是为强调其为机械制造，延展开就是"机制的平瓦"，是伴随着"机制砖"一起流行起来的。与砖分为青砖和红砖一样，机平瓦也分为青瓦和红瓦，以红瓦为多。

早期的机平瓦依赖进口，后期本土的砖瓦厂，如泰山、华大、大中、振苏、东南等，都开始大量生产机平瓦，这种瓦开始广泛运用于建筑中，无论是里弄住宅、花园洋房，还是大型的坡屋面公共建筑——机平瓦在上海近代建筑中的运用最为广泛。

相比小青瓦，机平瓦有更好的防水效果，因为机平瓦不但有上下瓦片的搭接，还有瓦片之间横向的沟槽搭头，搭接铺设后的机平瓦横向连为一体，上面的一行搭在下面一行上。机平瓦屋面屋脊处覆盖脊瓦，脊瓦是断面两坡的三角形盖瓦，搭盖在两面的坡屋面平瓦上，并用麻刀水泥石灰砂浆填实嵌紧，以防雨水渗透。

机平瓦的构造也更为合理，讲究一些的机平瓦屋面都设有木屋面板（15~25 毫米厚），板上铺设油毡等防水卷材，上钉垂直于檐口的顺水条（6 毫米 × 24 毫米，常用灰板条做顺水条），再钉平行于檐口的挂瓦条（约20 毫米 × 25 毫米，间距视瓦的长度而定），平瓦背面凸起的瓦钉挂在挂瓦条上，可避免滑落。

近代建筑中还有孟莎式等坡度较陡的屋面形式，当屋面坡度大于45°时，就用铅丝或铜丝穿过瓦背面的瓦孔将瓦片绑扎在挂瓦条上，避免平瓦下滑。

- **西班牙筒瓦**

筒瓦，顾名思义，瓦的断面接近半圆，两片瓦合拢形似筒状。

筒瓦在中国自古有之，多用于比小青瓦房屋等级高的建筑，唐代有了釉面的筒瓦，也就是琉璃瓦，至明清已成为官式建筑的标配，在近代上海，此类筒瓦称为"中国式筒瓦"。在上海近代建筑中，采用"中国固有形式"或古典复兴式大屋顶的建筑大多使用筒瓦，如董大酉设计的上海特别市政府大楼（还被称为"绿瓦大楼"），以及范文照、李锦沛设计的八仙桥基督教青年会大楼，就分别采用了绿色、蓝色琉璃瓦。不过，

（图 5.6）20 世纪 30 年代南京路历史照片中沿街的里弄建筑已大都为机平瓦屋面

（图 5.7）近代不同品牌的机平瓦

（图 5.8）机平瓦脊瓦，用于原法国球场总会斜脊上

（图 5.9）孟莎屋顶靠铜丝绑扎固定机平瓦

（图 5.10）近代历史建筑设计图纸中 Spanish Tile Roof 的标示

本文论述的重点并非这些"中国式筒瓦"，而是舶来的"西班牙筒瓦"。

西班牙筒瓦，又称为"西班牙瓦"，英文为 Spanish tile。从名称上就可知其是西班牙和地中海式风格的建筑用瓦。"1920 年代的上海，几乎与美国盛行西班牙殖民地复兴风格的同时，有一股流行地中海复兴建筑风格和西班牙建筑风格的倾向"。

上海最早的西班牙风格建筑是建于 19 世纪 50 年代的圣方济各沙勿略天主堂（董家渡天主堂），由西班牙耶稣会传教士范廷佐设计。从近代历史照片中可见其辅房屋面铺设的西班牙筒瓦。

西班牙筒瓦为陶土瓦，暗红色，也分盖瓦和底瓦。铺设时先铺底瓦，凹面向上，锥形的盖瓦错缝搭扣在底瓦交际处，上下盖瓦搭扣，形成清晰的竖向瓦垄。

西班牙瓦的屋面坡度都较缓，坡度常为 30%~40%，瓦片可直接铺设，无需铅丝或铜丝绑扎固定。

· **筒板瓦**

筒板瓦，其英文名称为 pan-and-roll tile。从其中英文名可知，筒板瓦实际为筒瓦（roll tile）与平板瓦（pan tile）的组合。筒板瓦在外观上和

（图 5.11）原哥伦比亚乡村俱乐部的西班牙筒瓦

（图 5.12）董家渡天主堂辅房的历史照片，西班牙筒瓦清晰可辨

西班牙瓦的主要不同点在于，其底瓦无弧度，而是一边有槽的平板瓦，铺设时将弧形的筒瓦搭接在平板瓦的边槽，共同组成屋面瓦体系。

上海近代建筑中采用筒板瓦的案例并不多，有些可能随着后期改建修缮改为其他更加常见的瓦形式。佘山天主教堂采用绿色琉璃筒板瓦，在 20 世纪 50 年代近景历史照片中，可见筒瓦和其局部破损后露出的平板底瓦。

- **菱形瓦**

菱形瓦的名称似乎有些"名不副实"，因为它实际上是因菱形铺设方式而得名，有正方形和菱形等不同样式。其上下两个角完整，上部设钉孔，两侧为瓦的搭扣区域；瓦的左右两个对角则缺角，用于铺设时避让上层瓦的瓦钉。

菱形瓦常见的材质有石板和陶土烧制两类。石板瓦菱形铺贴，是将方形的石板瓦旋转 45°后铺设，又称对角铺或吊脚铺石板瓦。陶土烧制的菱形瓦在上海近代建筑中更为常见。

与其他种类的瓦相比，菱形瓦无论在取材、制作还是施工上，都并不具备优势，因此应用并不广泛，在上海近代建筑中的应用实例也不多。最知名的菱形瓦案例有东平路 9 号爱庐，还有老城厢内乔家路的梓园主楼等。梓园曾为"海上奇人"王一亭的私宅，据传他曾为 1923 年日本关东大地震募捐赈灾物资，日本天皇为表答谢，委派日本建筑师来沪为其建宅，屋面就采用了菱形瓦。

- **石板瓦**

石板瓦是由天然石材制成、覆盖于屋面用于防水的瓦，多用于屋面坡度陡峭的哥特式教堂等建筑。

石板瓦多采用层状页岩石材，厚度 5 毫米左右，切割为约 1∶2 的长方形。石板瓦带钉孔的部分称为瓦头，将瓦片钉于木望板上，上层瓦片

（图 5.13）佘山天主教堂 20 世纪 50 年代屋面筒板瓦近景照

（图 5.14）菱形瓦拼搭示意

（图 5.15）佘山天文台门廊披檐采用菱形瓦

错缝搭接在下层瓦片上，搭接长度约为瓦长 $\frac{1}{2}$，从而实现防水效果。

根据 1980 年徐家汇天主堂两个尖塔的修缮记录，尖塔石板瓦材料原为意大利进口青石板，1980 年尖塔修复时采用了与原材质接近的、规格为 200 毫米 × 400 毫米 × 5 毫米的江西玉山产青石板瓦，瓦片通过 32 毫米长铜质木螺丝固定在 30 毫米厚企口木望板上。

圣三一堂的石板瓦尺寸为 500 毫米 × 250 毫米 × 5 毫米，通过瓦上部的钉孔将瓦片钉于木望板上，上下瓦片错缝搭接。

- **波形瓦**

相比前述的小块材瓦片，波形瓦是大块材的屋面材料，长边尺寸约 2 米、短边 1 米，常见的材质有石棉、镀锌瓦楞铁皮等。相比传统的小块材瓦，波形瓦尺寸大、造价低、分量轻、易施工，在大跨度建筑如工业厂房、仓库等中运用较多。

波形瓦可直接钉在檩条上，或在檩条上铺放屋面板后再铺瓦。一般每块瓦应搭盖三根檩条，瓦的水平接缝在檩条上，檩条间距视瓦的长度而定。

波形瓦在修缮中大多采取直接更换的方式，如今已难以见到历史旧物，只可通过历史照片来辨认。

- **金属屋面**

金属屋面是把单块的金属片边缘相互咬合而制成的屋面覆盖层，近代建筑中常用的金属有铜皮、铅皮、白铁皮（镀锡铁皮、镀铅锡或镀锌铁皮）等，金属片之间采用卷边锁缝、直立锁缝等咬合方式。

金属屋面多用于穹顶、塔楼锥顶等复杂形态屋顶，利用金属皮的造型和锁缝拼合能力，来实现复杂形态尤其是曲面屋面的防水目标。

外滩 7 号大北电报公司大楼 1904 年由通和洋行设计，1917 年由新瑞和洋行修缮，正立面两侧的盔形顶外包为金属铅皮直立锁缝做法。

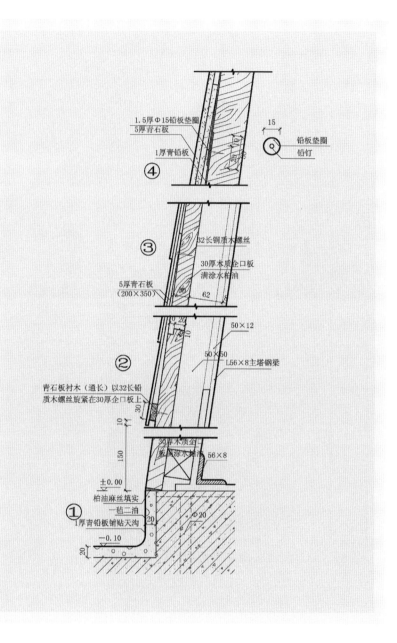

（图 5.16）1980 年徐家汇天主堂塔楼修复尖塔屋面详图

（图 5.17）圣三一堂屋面页岩瓦片

（图 5.18）德国总会大楼（1907）屋面在相对隐蔽的连接处
采用波形瓦屋面

（图 5.19）1910 年在南京路上远眺汇中饭店的照片，右下角就是大片的波形瓦屋面

（图 5.20）外滩 7 号大北电报公司 1908 年照片

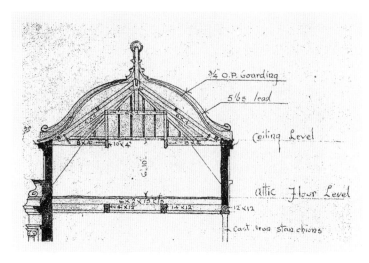

（图 5.21）新瑞和洋行绘制的大北电报公司 1917 年修缮图纸中的铅皮（lead）屋面

（图 5.22）德国总会大楼 20 世纪 10 年代人视角照片

（图 5.23）德国总会大楼（1907）塔楼金属屋面鸟瞰历史照片

　　同样位于外滩沿线的德国总会大楼，由德商倍高洋行设计，1907 年建成，为德国巴洛克风格。大楼正立面两端各有一处高耸的塔亭，上盖巴洛克曲线尖顶，其屋面采用金属皮直立锁缝。

　　屋面被称为"第五立面"，是建筑外观形式的重要组成部分，但并未像建筑立面那样受到关注，关于屋面形式、类型、材质的研究也远不如外墙丰富和深入。又由于瓦在修缮中更易被替换，所以瓦的历史"原状"判断更为困难，尚有一些在近代文献中提及但未见实物的瓦，如"英国式湾瓦"等，仍待我们继续研究。

Chapter 06

–

户牖之美：
上海近代建筑的窗

–

Windows
in Shanghai Modern
Architecture

户牖，意为门窗。老子《道德经》中有"凿户牖以为室，当其无，有室之用"的描述。窗不仅有遮风避雨、通风采光的功能，其选材、装饰也成为建造时代和立面风格的一种体现。窗自古有之，江南传统窗如落地长窗、短窗、横风窗、支摘窗等，在老式石库门里弄建筑中仍有使用，但并非本文重点探讨的对象，本文以上海近代建筑中受到西风东渐影响的窗作为主要论述对象。

按照材料，上海近代历史建筑的窗大抵分为木窗和钢窗，还有一些特殊装饰类窗，如铅条彩色玻璃窗等；按照开启方式，则可分为平开窗、水平推拉窗、垂直提拉窗、悬窗等。

Part I
以开启方式分类

· 平开窗

平开窗在各类开启方式的窗中运用得最为广泛，分内开与外开两类。

内开窗窗扇向内开启，优点是便于擦窗，也可避免被大风吹落；缺点是占用室内空间且有雨水内渗的隐患，因此内开窗需在下冒头处设披水板，并在下槛处设蓄水槽和泄水孔。

然而由于当代系统成品窗的普及，人们对于传统木窗和钢窗都变得陌生，在历史建筑保护工程中，新做的内开窗在设计和制作时容易忽略披水板和泄水孔，在竣工验收时常被诟病。

外开窗防水性优于内开窗，且不占用室内空间，但是有被大风吹落的风险，且擦窗不便。尤其当窗扇数是奇数时，在尚无擦窗"蜘蛛人"的时代，便总有难以擦洗的外开窗。

因此，在面对奇数扇的外开窗时，建筑师会采取一些改善措施，如将部分窗扇改为中轴旋转的立转窗，从而解决奇数扇外开窗的擦洗问题。

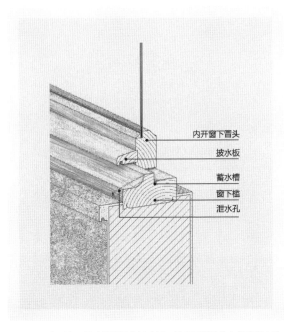

内开窗下冒头

披水板

蓄水槽

窗下槛

泄水孔

（图 6.1）内开窗下冒头处设置的披水板，以及下槛处的水槽和泄水孔

（图 6.2）奇数窗扇的外开窗会面临难以擦洗的问题，如上图最右侧窗的外部

（图6.3）卜内门洋碱公司大楼的奇数窗扇钢窗，中间扇为立转窗

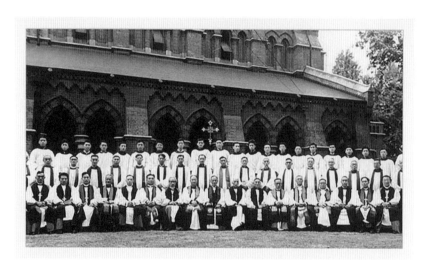

（图6.4）从此图可见圣三一堂高窗为外开内倒中悬窗

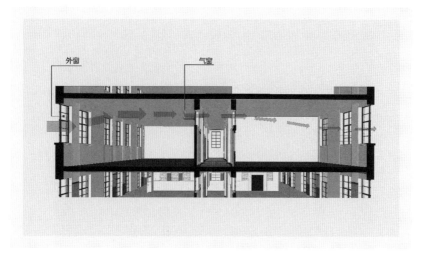

（图 6.5）悬窗用于内走廊，帮助建筑实现自然通风

- **悬窗**

　　悬窗是绕横向轴翻转开启的窗，分为上悬窗、中悬窗、下悬窗。其中上悬窗多用于高气窗，下悬窗极少见于近代建筑，而运用最广的是中悬窗。

　　中悬窗由窗扇中部的铰链固定并使其可翻转，开启时外开内倒，有利于防止雨水进入室内，关闭后密闭性也较好，在近代工业建筑和大空间的民用建筑中多有使用。建于 1866—1869 年的第三代圣三一堂，其主堂外墙上的高窗就采用了中悬窗，有利于堂内借助"烟囱效应"通风。

　　悬窗在近代时常用作室内房间之间通风的高窗，开启时可以形成"穿堂风"来实现自然通风。

- **水平推拉窗**

　　推拉窗是窗扇水平滑动开启的窗。推拉窗不占用室内空间，但较平开窗通风面积小、密封性差，水平推拉窗还需设置滑轨以便水平滑动，

（图 6.6）虹桥李德立宅的木质推拉窗

有些较重的推拉窗下需设滑轮，构造相对复杂，因此推拉窗在上海近代建筑中的应用并不多。

近代虹桥路尽头的李德立（Edward Selby Little）宅，翼角起翘的江南式屋面配以青砖白墙的立面，外窗则为西式的推拉式木窗。框料和窗扇都采用洋松制作，窗框上部有金属滑轨嵌入窗扇下的凹槽内，便于推拉滑动。

· **垂直提拉窗**

垂直提拉窗其实也是推拉窗的一种，两扇窗扇上下并置垂直升降，在窗上框内设滑轮、绳索，窗框两侧设导轨，上下两扇窗可以依靠自平衡来提拉；也有的在侧框内藏重锤来平衡窗扇重量，用较少的力量即可

（图 6.7）19 世纪 80 年代金陵东路密采里饭店（Hotel des Colonies）照片，
侧墙均为垂直提拉窗，外装木百页窗

实现窗扇提升或下降。

　　上海近代建筑中采用的提拉窗以木窗为主，见于历史照片和少数现存建筑中。位于法租界内第一条道路——金陵东路上，建于 19 世纪 70 年代的密采里饭店（Hotel des Colonies），从历史照片中就可见其采用了提拉窗，上窗扇在外轨、下窗扇在内轨，以利于防水，窗外还装了木百页窗。但 1900 年代的历史照片显示其已改为内开窗，或许正是因为提拉窗的导轨频繁出现问题。

　　在建于 1902 年的扬子江码头仓库中尚可见垂直提拉窗实物，木质格子窗扇，采用较为简易的自平衡线绳提拉升降方式。

　　此外，从历史图像中的营造场景能看到，传统营造是"先装窗框后砌墙"，窗的防水密封性能好，不易漏水；而现在施工方式是"先砌窗

（图 6.8）扬子江码头仓库木提拉窗，窗扇采用自平衡垂直提拉的升降方式

（图 6.9）大东钢窗公司广告中附钢窗安装"先装窗框后砌墙"的施工示意图，
而当代施工多是"先砌窗洞后装窗"，因而易造成漏水

洞后装窗"，易造成漏水，之后只能靠打胶弥补。

Part II
以材料分类

· 木窗

木窗取材、加工方便，自重轻，便于维修，自古有之，使用普遍，在近代建筑中的演进主要体现在窗的构造上。传统木窗是以木立杆为轴的摇梗窗，在近代里弄建筑尤其老式石库门里弄中较常见到。

近代西风东渐后的木窗，改用金属合页作为门窗开闭的链接，加之插销、天地销、风撑等五金件的普及，木窗的密封性、防水性和使用便利性都得到了极大提高。

江南传统民居窗多采用木性稳定、不易变形的木料，如樟木、柏木、银杏木等；但上海近代建筑是快速城市化下房地产发展的产物，要求取材便利，便于批量化生产，还要控制成本，因此里弄建筑中的木窗早期采用杉木，后来采用洋松或质地稍致密的柳桉（近代文献中也写作柳安、留安）等制作，讲究一点的也会采用进口柚木等。

· 百页窗

百页窗是可遮阳、挡雨、通风及遮蔽视线的窗形式，常与玻璃窗组合使用，设置于外部，上海近代建筑的百页窗多为木质。当窗洞较浅时，百页窗框安装后可与墙外平齐，采用普通合页就可使窗打开后与外墙贴合；而当窗洞口较深时，考虑到开启后需要尽量避免影响内窗的采光通风，且便于固定，外百页窗常采用长脚铰链或者两折百页窗，使其在开启后与外墙贴合，减少遮挡。

折叠式的百页窗多为两折四扇，开启后贴合在窗洞内，不影响外立面窗套，且采用常规的合页即可安装。此种方式在近代建筑中应用更为

（图 6.10）双扇窗采用长脚铰链，使之开启后与外墙贴合

（图 6.11）常见的两折式木百页窗开启后贴合于窗洞口内，
且不影响外窗套等的装饰效果

（图 6.12）活动页片式木百页窗，左图为外部；
右图为内部，连杆下拉可使页片打开并临时固定

广泛，多与清水砖墙组合使用。

　　百页窗的页片分固定式和活动式，且以活动式居多。页片断面呈梭形，可旋转的页片背后固定在一根连杆上，连杆上下活动可带动页片开合，页片打开后可将连杆固定，从而使百页窗保持打开状态，便于通风。

- **钢窗**

　　实腹钢窗是近代建筑的一大特色，也是流行于 20 世纪上半叶的代表性建筑产品，此后空腹钢窗和铝窗等渐渐取代了曾经风靡半个世纪的实腹钢窗。

　　所谓实腹钢窗，是采用异形断面的钢条焊接成框料的钢窗。相较于木窗，钢窗有着更好的透光率，且避免了木窗因变形伸缩而导致密闭性不佳的缺点。在 20 世纪 20 年代中后期，钢窗逐渐取代木窗成为建筑用

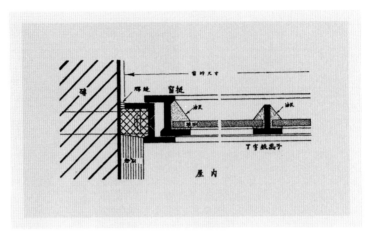

（图 6.13）钢窗构造示意图

窗的主要选择。

　　钢窗的窗框和窗扇均为钢条焊接而成，钢条的截面形式多样，可通过组合满足不同需要。钢条的规格多以其断面总厚度来区分，俗称"二五料""三二料""三八料"，分别是指钢条厚度一英寸（25.4 毫米）、一又四分之一英寸（31.75 毫米）和一英寸半（38.1 毫米）。其中"二五料"运用较多，但窗的面积越大，所需钢条断面厚度越大；如果是钢门，则多用一英寸半的"三八料"。

　　初期的钢窗主要依靠进口，品牌有"好勃司""葛莱道"等，售价昂贵。据 1933 年《建筑月刊》第 1 卷第 3 期记载，汤景贤的"泰康行"首创国产钢窗，随后国产钢窗实现量产化，主要的钢窗厂家有泰康行、中国铜铁工厂、东方钢窗公司、大东钢窗公司等十余家。到 20 世纪 30 年代初期，上海 80% 左右的钢窗已经实现国产，钢窗类型也涵盖平开、上下悬、中悬等开启方式，还包括嵌入铅条彩色玻璃的装饰钢窗类型。

　　钢窗因其纤细的窗棂和简洁平整的外形，也成为新建筑风格的一种表现手法，尤其在装饰艺术派和现代派建筑中运用广泛。

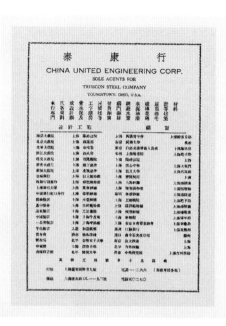

（图6.14）"泰康行"兼做结构设计和建材销售，老板汤景贤首次实现钢窗国产，
从图中右表可见很多知名建筑均使用了"泰康行"钢窗

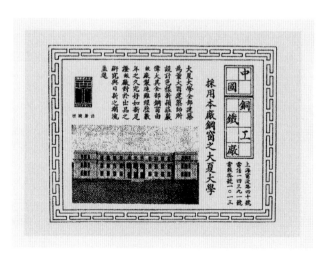

（图6.15）"中国铜铁工厂"广告，图示建筑为原大夏大学群贤堂（现华东师范大学文史楼），
其钢窗为中国铜铁工厂生产

（图 6.16）1921 年设计的卜内门洋碱公司大楼钢窗与窗下墙融为一体，
呈现出贯通各层的玻璃幕墙效果

— 户牖之美：上海近代建筑的窗 —

（图 6.17）浙江第一商业银行大楼水平长条窗

横向长条窗被视为划分现代建筑与传统风格的重要标志。柯布西耶将水平长条窗归入"新建筑五点"，并不惜与其老师奥古斯特·佩雷决裂，以反对竖向窄条窗形式。

而在新古典主义的近代建筑中，也有充分利用钢窗现代特性来体现建筑师创作能力的优秀作品，格拉汉姆·布朗（Graham Brown）和温格罗夫（George Christopher Wingrove）在 1921 年设计的四川中路卜内门洋碱公司大楼就是一例。建筑师将建筑层间的窗下墙与钢窗融为一体，呈现出贯通各层的巨型玻璃幕墙效果，在整体古典的基调下展现出技术进步的时代性和现代感。

· **铅条彩色（彩绘）玻璃窗**

彩色玻璃窗极富装饰性，与教会和教堂建筑同期进入中国，并逐步

（图 6.18）土山湾孤儿工艺院制作彩色玻璃窗照片

在非宗教类建筑上也得以应用。

提到上海的彩色玻璃窗就不能不提"土山湾孤儿工艺院"，传教士在建立孤儿院的同时，还在院内创办学校和各类工场，由中外传教士共同传授西画、音乐、木雕、泥塑、印刷、装订、照相、冶铁、细金、木工、彩绘玻璃制作等技艺。1913 年，土山湾引入了西方的彩绘玻璃制作工艺，此后据说上海 80% 左右的彩绘玻璃都是土山湾制造，其余 20% 左右从国外进口。

制作彩色玻璃窗，首先要绘制图样，在图样中将玻璃切割的边界确定好，再按照图样形式切割彩色玻璃；对于有图案纹饰如人物、花草形式等的，则先在白色玻璃上用瓷釉手工彩绘，再将彩绘好的玻璃入高温

（图 6.19）左：绘制图样；中：绘制彩绘玻璃；右：铅条固定

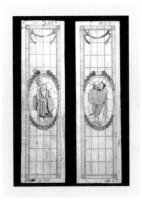

（图 6.20）中国民俗人物的彩绘玻璃图样

（图 6.21）华俄道胜银行内中庭彩色玻璃窗实景（左图）和纹样图（右图）

（图 6.22）彩色玻璃窗上的生产商标记 "Busch. Berlin"

（图 6.23）卜内门洋碱公司大楼高窗的上下联动五金件，
通过将连杆垂直运动转换为悬窗转动来开合窗扇

炉烧制，使颜料渗入玻璃。将烧制完成的彩绘玻璃或彩色玻璃按照图样用 H 形断面的铅条固定焊接，最后擦拭除污、待铅条氧化，一扇彩色玻璃窗就完成了。

彩色玻璃窗作为装饰类窗，大多与遮风挡雨的外窗组合使用，即在外侧增加一樘普通白玻窗。随着彩色玻璃窗的普及，其图案也从原本的基督教教义内容转化为世俗化和中国化的图案，如南昌路科学会堂的梅花图案，甚至还有中国民俗人物的图案等。

在 1913 年土山湾孤儿工艺院引进彩色玻璃制作工艺前，上海近代建筑中的彩色玻璃窗主要依靠进口，如建于 1902 年的外滩 15 号华俄道胜银行内中庭彩色玻璃窗，四面 12 幅均采用植物花卉纹样，部分窗角写有"Busch. Berlin"字样，应为其生产商。

Part III
门窗五金

建筑工程中的金属固定件、连接件都可称之为五金，建筑师说的五金多是指具有使用功能和装饰性的外露五金件，主要有执手（拉手）、风撑、合页、铰链、插销、弹子插锁、地弹簧等。五金作为门窗的一部分，伴随近代门窗一同被引入上海，造型和类型多样，大多为铜质，是体现建筑风格和品质的细节构件。

除常规的五金件外，也有一些为满足特定使用需要而特制的五金构件。如部分采用悬窗形式的高窗，采用上下联动的五金杆件，在触手可及的高度设置执手控制，通过将连杆的垂直运动转换为悬窗的转动来实现窗的开合。

钢窗开启后，通过风撑来调节和固定通风量，常见的有"套钉窗撑"和"螺丝窗撑"，也有一些其他的风撑形式。

除铜五金外，也有铝制的五金，当时铝被称作"钢精"，广告描述

（上图 6.24）卜内门洋碱公司大楼高窗五金螺纹连杆细部（摇窗把手遗失）；
（下图 6.25）具有不同挡位盘的限位风撑

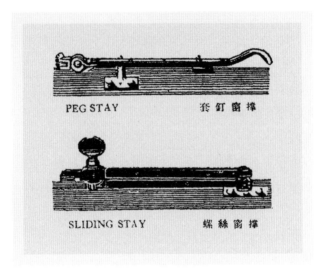

（图 6.26）东方钢窗公司窗撑广告

（图 6.27）铝业有限公司的铝制五金广告

盡是鋼精 Aluminium 製成

鋼精顏色潔白

體輕而不生銹．建築師爲達到建築上種種預目的，始想忠愚用鋼精之種種便利．詳細情影斯接洽．

ALUMINIUM (V) LTD.

鋁業有限公司

其"颜色洁白，体轻而不生锈"，但是在现存实例中并不多见。

　　窗在满足采光通风需要的同时，更多承担了建筑装饰的作用。因此，相比外墙、屋面瓦等结构构件，窗呈现出更丰富的类型和形式。窗作为建筑的一个组成部分，不能被孤立地看待，需要在建筑整体中进行解读；同时，窗也是建筑风格的反映，其尺寸与材料的变化暗示着技术的演变，如格罗皮乌斯设计的包豪斯校舍，用窗昭示一个新时代的到来。

Chapter 07

—

纯洁无疵，成色极佳：
上海近代建筑玻璃

—

Glass
in Shanghai Modern
Architecture

提到上海近代建筑玻璃，人们首先想到的可能是和平饭店的拉利克（Lalique）玻璃。不过这折射特殊光芒的拉利克玻璃是艺术品甚至奢侈品，并非近代建筑中的必需品。

玻璃是由石英砂、长石、石灰石及纯碱等在高温下熔融后，经压制或其他工序加工而成的透明或半透明非结晶无机物，具有优异的透光、隔热、隔声和装饰效果。

我国古代史料中就已出现"流离""颇黎""琉璃""缪琳琅玕"等对玻璃的不同称呼，清内务府在康熙三十五年（1696 年）养心殿造办处内增设御用玻璃厂，由德国传教士纪理安（Kilian Stumpf）主持，由此，"玻璃"的称谓正式从官方推广到民间而确定下来。不过造办处玻璃厂以生产鼻烟壶等玻璃器皿、摆件和光学玻璃为主，并不生产建筑用玻璃。

本文探讨的近代建筑用玻璃，主要是指用于建筑室内外门窗、隔断的建筑围护材料，有平板玻璃、压花玻璃、夹丝玻璃、彩色玻璃和空心玻璃砖等。其中，平板玻璃应用最广，其生产工艺的变化也是近代玻璃工业发展的缩影。

Part I
平板玻璃及其工艺

平板玻璃，又称白片玻璃，厚度大多在 4~8 毫米之间，可用于门窗，是最常使用的玻璃。这种看似最普通的玻璃，在近代也经历了从手工制作转向机械化量产、从进口到国产的发展过程。

比起机制砖瓦，玻璃的国产化更为滞后。20 世纪 20 年代以前，虽然国内已有大小数百家玻璃厂，但质量和产量都无法与进口玻璃媲美，建筑用玻璃还主要依靠进口，直至 30 年代，国产玻璃才逐步占领建筑市场，与进口玻璃形成竞争，但也并未形成压倒性优势。例如 1933 年公和洋行为峻岭寄庐所作的建筑章程中，也要求其"用于门窗的玻璃，均为

（图 7.1）和平饭店拉利克玻璃

（图 7.2）英国俾根登洋行（毕金登兄弟有限公司，
Pilkington Brothers Limited）玻璃商标审定公告

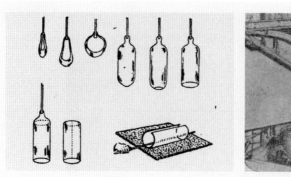

（左图 7.3）拉筒摊片法制平板玻璃；（右图 7.4）机械吹制更大的玻璃筒

二分厚（约 5 毫米）白片玻璃，须用俾根登洋行出品"。这里的"俾根登洋行"即英国毕金登兄弟有限公司（Pilkington Brothers Limited），可见直至 20 世纪 30 年代初，重要建筑用玻璃仍多采用进口玻璃。

国产平板玻璃的制作工艺，在近代经历了从手工到机械化的发展历程，主要可分为 20 世纪之前的"拉筒摊片法"，以及 20 世纪初期之后的压延法和"弗克法"（有槽垂直引上法）。

· **拉筒摊片法**

"拉筒摊片法"又称为"圆筒法"，是沿用千年的传统玻璃制作方法。欧洲在大约 1 世纪就有了用吹制法制作成形玻璃的传统，"拉筒摊片法"就是采用吹拉法先制成玻璃圆筒，再将圆筒热摊成平板，即形成手工制作的平板玻璃。

近代，随着机械设备的改进，机械可以吹制出更大的圆筒，摊平后制成面积更大的平板玻璃，但是制作的原理并未变化。

19 世纪末到 20 世纪初期，国内民族实业家创办的玻璃制造厂大多还采用这种"拉筒摊片法"，虽实现了玻璃国产化，但产量、质量均无

（图 7.5）左：压延法示意，把熔玻璃浇在铸台上，用重热滚筒滚平；
右：用磨轮磨光玻璃板

法与西方进口的机制玻璃抗衡。

· 压延法

压延法，是将热熔玻璃液浇在铸台上，再用机械热滚筒辊压成一定厚度和宽度的玻璃带的玻璃生产方法。这一方法也是生产压花玻璃、夹丝玻璃的主要方法，但是压延法生产的平板玻璃平整度不够高，需要研磨与抛光。

· 弗克法（有槽垂直引上法）

1902 年比利时人埃米尔 · 弗克（Emile Fourcault）发明了有槽垂直引上法，因其名而称之为"弗克法"，这种方法成为 20 世纪上半叶最主流的平板玻璃生产方法。

"弗克法"是将玻璃液经抽嘴涌出，垂直连续向上拉引，经过冷却器急剧冷却硬化后形成玻璃带，在引上机内完成冷却和退火。"弗克法"由秦皇岛"耀华机器制造玻璃股份有限公司"（简称耀华玻璃厂）1921年从比利时购买专利，进而开展批量生产，以低廉价格和高质量逐步实

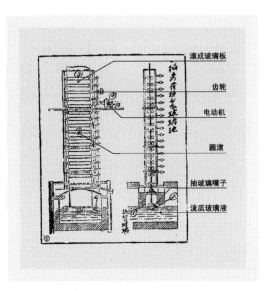

（图 7.6）耀华玻璃厂"弗克法"（有槽垂直引上法）生产玻璃示意图：
流质玻璃液经抽玻璃嘴子导入两圆滚中间，机滚成长平板玻璃，再用切断器切断成为产品

（图 7.7）玻璃广告中可见常见装饰玻璃的种类和名称

现了建筑玻璃国产化和普及化。

20 世纪 50 年代后，浮法玻璃工艺创立，平板玻璃逐步转为采用浮法制作。顾名思义，浮法玻璃是在高温下，使玻璃液体在金属液体（如锡液）上漂浮、扩展、摊平、拉薄，冷却后形成平整、光洁的高品质平板玻璃。浮法玻璃是当代玻璃的主要生产工艺，但在近代还尚无此技术。

Part II
其它类型玻璃

平板玻璃之外，更具装饰性的压花玻璃、空心玻璃砖和具有功能性的夹丝玻璃等，也是近代建筑常用的建筑玻璃类型。

• 压花玻璃

压花玻璃是一种装饰玻璃，采用压延法制作，使热熔的玻璃液在冷却过程中通过带有花纹图案的压延机，从而使其表面形成凹凸花纹图案。压花玻璃的立体凹凸使光线产生折射，在良好装饰性的同时也有很好的隐私性，满足了室内走廊、内门窗对玻璃的功能需求，使之成为上海近代建筑中最具时代性和代表性的建筑用玻璃。

压花玻璃的图案多样，一般有几何图形、花卉等图案，常见的有海棠纹、晶花、自由花、浮点等，近代也出现了"冰梅片""冰雪片"等图案名称。压花玻璃多为无色，也有用金属氧化物涂层和本体着色工艺制成的彩色压花玻璃。

• 夹丝玻璃

夹丝玻璃，通过在玻璃压延成型时把经预热处理的金属丝网压入玻璃中制成。由于嵌入金属丝网，夹丝玻璃的整体性得到很大提高。在因外力冲击或火焰辐射而破碎时，玻璃碎片可与金属丝网粘连在一起，从

（图 7.8）卷草花卉纹样压花玻璃

（图 7.9）玻璃边缘作直边打磨处理形成车边玻璃

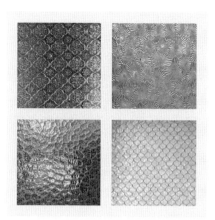

（左上图 7.10）海棠纹压花玻璃；（右上图 7.11）冰雪片纹样压花玻璃；
（左下图 7.12）杂纹压花玻璃；（右下图 7.13）夹丝压花玻璃

而实现裂而不散、破而不缺的效果。

夹丝玻璃多用于天窗、屋顶、室内隔断等玻璃破碎易伤人的场合。同时，相较于普通玻璃受热易破裂碎落，从而造成空气流动、加剧火灾蔓延的劣势，夹丝玻璃碎而不破的特性可以一定程度上防止空气流动，因而也用在具有一定防火要求的围护体上。

• **车边玻璃**

在平板玻璃基础上进行二次加工，按照窗格划分对每片玻璃边缘进行宽约 1 厘米的单面车边打磨，可以在光折射下形成更具装饰性的水晶玻璃效果，用这种工艺制成的玻璃俗称车边玻璃。车边玻璃对玻璃平整度要求高，又增加了二次加工工序，因此常用于装饰要求高的房间和镜面上，形成剔透立体的光感效果。

• **空心玻璃砖**

空心玻璃砖，是将两块凹槽形状的玻璃经热熔合并熔接，后退火制

（左图 7.14）根据窗格形态作异形车边处理的磨砂车边玻璃；
（右图 7.15）玻璃砖砌筑的立面

成的砖型玻璃制品，因其透光不透视、抗压强度高、隔热隔音等特点，多用于装饰性的建筑墙体、隔断等部位。在建造中，空心玻璃砖也采用砌筑做法，用石灰或水泥加细沙等作为砌筑砂浆。

1906 年《东方杂志》就已有欧洲空心玻璃砖的介绍，到 20 世纪 20 年代后，玻璃砖在国外应用的案例已通过国内建筑杂志和市民报刊广泛推广，上海此时也有了运用玻璃砖作为局部外墙的建筑实例。

除上述几种玻璃类型外，另有铅条彩色玻璃窗等染色玻璃，在前文《户牖之美：上海近代建筑的窗》中已作介绍，这里不再赘述。

Part III
玻璃国产化

近代早期，大量西方玻璃倾销至国内，也激起了民族实业家对玻璃工业化生产的探索，全国各地纷纷创办起玻璃生产厂。

1882 年，实业家经元善投资中外合办的上海兴华玻璃公司并任董事；1902 年，实业家张謇会同许鼎霖等向清政府呈请创办江苏徐州耀徐玻璃

（图 7.16）广告中刊登的美国奥文玻璃厂建造的玻璃砖房屋内景

（图 7.17）1925 年建造的新华路 329 弄 36 号花园住宅，
立面入口两侧及局部窗采用了玻璃砖

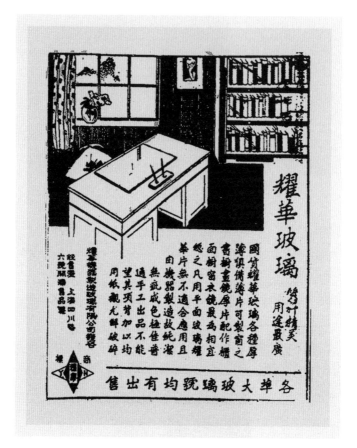

（图 7.18）耀华玻璃广告

（图 7.19）耀华机器制造玻璃股份有限公司商标

公司；1904 年，山东农工商局程文以"官督商办"方式在山东博山创办博山玻璃公司，公司采用德国设备和原料并由德国技师指导生产；1907 年，创办张裕葡萄酿酒公司的张弼士在广东惠州设立福惠玻璃厂……根据 1921 年《上海总商会月报》记载，当时全国玻璃生产工厂数量已达 771 家之多，但大多不成规模、机械化程度低，质量和产量不高，国内建筑用玻璃仍然主要依靠进口。

1921 年上海玻璃厂共计 17 家，其中中国人经营 11 所（森大、久大、新大、协泰成、同昌成、余茂昌、裕昌、恒大、陆顺记、顺兴昶、泰源永），日本人经营 6 所，规模都甚小，以生产洋灯罩等为主。上海也有过法国人办的西林泰玻璃厂，曾居于上海玻璃工厂首位，以制造灯罩为主，但制品粗杂，也无法与进口玻璃相媲美。

民族工业规模化生产玻璃的转机来自耀华玻璃厂。1921 年末，曾创办辉华玻璃厂的实业家周学熙，购买了比利时机械连续制造平板玻璃技术的"弗克法"专利，借助当时国内最大的工矿企业开滦矿务局的资金、土地、电力等优势，之后在秦皇岛创办中比合办"耀华机器制造玻璃股份有限公司"（Yao-Hua Mechanical Glass Co. Ltd.），取"光耀中华"之意，并于 1924 年投产。

凭借先进的技术，耀华玻璃的质量和产量都居国内玻璃厂商前列。其它民族实业家创办的玻璃厂也逐步发展起来，到 20 世纪 30 年代，国内的建筑用玻璃已基本实现了完全的国产化。

近代西风东渐中，建筑材料和工艺都发生着巨大的变化。玻璃，从昂贵的手工制作装饰物，快速发展成建筑围护不可或缺的重要材料，以低廉的价格进入寻常百姓家，用以改善采光、装饰环境，其背后是玻璃的量产化和国产化，这也是近代民族工业发展的又一例证。

由于玻璃是易碎品，加之使用中难免更换，近代门窗玻璃保存尤为困难。限于能力、时间与案例有限，本文内容难免挂一漏万，仅以此文作为深入研究近代玻璃的引玉之砖。

Chapter 08

—

隐性的力量：
上海近代建筑的楼板

—

Floor
in Shanghai Modern
Architecture

建筑如人，也分内外表里。建筑的外者如外墙、屋面、门窗乃至室内装饰，如人之衣衫肌肤，皆为显性可见；内者如结构梁板则因装修而隐蔽，如人之骨骼，不到手术或借助特殊设备皆不可见，但是这些隐蔽的结构正是历史建筑能否"长命百岁"的关键因素。

楼板藏于吊顶之内或抹灰之下，平日难以窥见其真容，而多蕴含在结构形式名称中，如木结构梁板或钢筋混凝土楼板等。但在修缮工程中打开吊顶后，会发现近代建筑的楼板形式多样且特色鲜明，也体现了海派文化的务实精神和技术理性原则。

楼板是建筑内上下楼层的分隔构件，起到分隔空间、承担楼上荷载的作用，也满足隔声防水等使用要求。自建筑从单层向多层发展后，就必须用楼板来承托和分隔。中国古代楼阁、塔等多层建筑均设木质楼板；至近代以降，钢筋混凝土等新技术的引入，又使楼板的结构类型、构造丰富起来，更大跨度、承托更大荷载、防水隔声等要求都可以通过不同类型的楼板得以满足。本文以结构形式作为分类依据，结合案例阐述上海近代建筑中常见的楼板类型和特点。

Part I
木搁栅楼板

中国传统楼阁建筑多采用主梁和次梁上铺木楼板的方式来承载楼层的荷载，清代苏州香山帮《营造法原》中记载，先设大梁，称"承重"，承重（大梁）上架设与其成直角的次梁，名"搁栅"，搁栅上铺木楼板。

这种"主次木梁＋木板"的组合方式一直沿用到近代建筑中。但中国传统建筑的营建方法是基于经验理性的总结，木梁尺寸与间距根据经验设置，往往并非经过结构计算的最合理配置。如《营造法原》记载，搁栅之间距根据屋架界数对应设置，搁栅断面多依据经验取"四六搁栅"（高宽比3:2）和"五七搁栅"（高宽比7:5），这与近代建筑中的搁栅

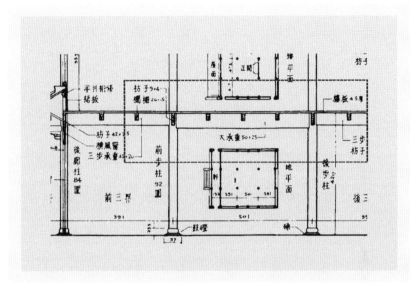

（图 8.1）《营造法原》中厅堂楼板剖面，为 50 厘米 × 25 厘米承重（大梁）
和 26 厘米 × 15 厘米搁栅（次梁）承托厚度 4.5 厘米的木楼板，木搁栅间距 125 厘米

（图 8.2）修缮工程中的木搁栅楼板实例

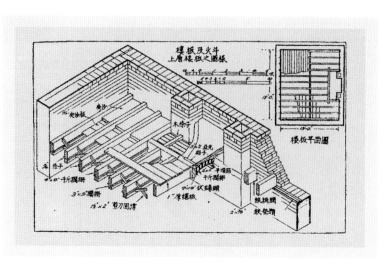

（图 8.3）杜彦耿绘制《楼板及火斗上层楼板之图样》（单位：英寸）

设置大相径庭。

木搁栅楼板是近代砖木结构建筑采用最多的楼板形式，在里弄住宅、花园洋房和部分砖木结构公共建筑中随处可见，虽同称为"搁栅"，却与前述传统建筑的搁栅在断面尺寸、间距等方面都差异很大。

以最为常见的里弄建筑为例，搁栅以相同的方向平行搁置于房间短跨承重砖墙上，密而均匀，上铺楼板。搁栅的端头搁置在"沿油木"上，沿油木具有使楼面荷载均匀传递到墙身上的作用，有些还在搁栅下铺设熟铁垫头。搁栅搁置于墙上的部分涂以柏油、固木油等用于防潮防腐。

搁栅断面高而窄，高宽比在 3:1~5:1，但是间距小、密度高。常见的搁栅断面尺寸有 2 英寸 × 10 英寸（51 毫米 × 254 毫米）、3 英寸 × 9 英寸（76 毫米 × 229 毫米）、3 英寸 × 12 英寸（76 毫米 × 305 毫米）和 4 英寸 × 9 英寸（102 毫米 × 229 毫米）的千金搁栅等，上铺 1 英寸（25 毫米）厚的企口洋松楼板；搁栅间距 400~500 毫米，荷载较大的公共建筑也有间距仅 12 英寸（305 毫米）的；为防止搁栅失稳，在搁栅之间增

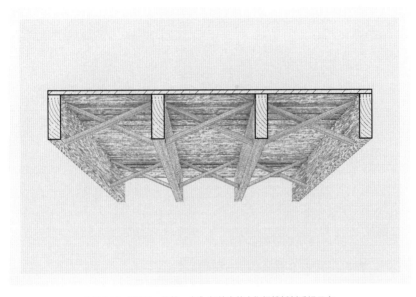

（图 8.4）"搁栅—箍撑—板"相结合的木搁栅楼板剖透视示意

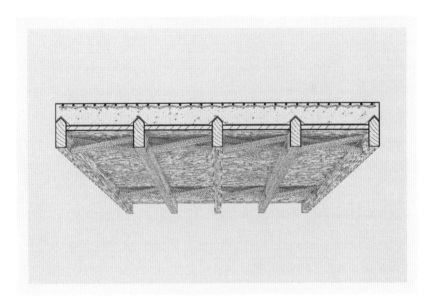

（图 8.5）木搁栅夹砂楼板（配钢丝网）剖透视示意

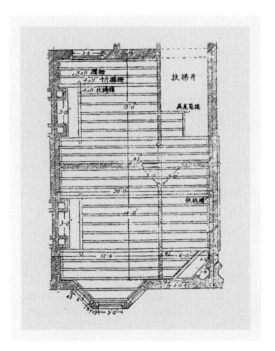

（图 8.6）单式楼板（木搁栅搁置于墙体上）平面示意图

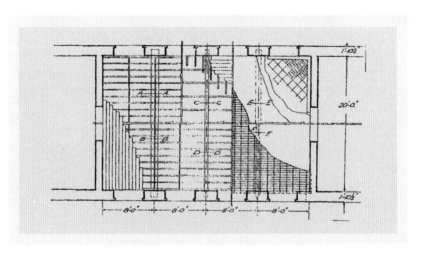

（图 8.7）复式楼板（木搁栅搁置于大梁上）平面示意图

加交叉的剪力"箍撑"，形成稳定的"搁栅—箍撑—板"组合木楼板。搁栅下钉板条平顶粉刷装修，作为下层的天花板。

在卫生间等用水房间，在钢混楼板未出现前也有采用木搁栅夹砂楼板的做法。夹砂楼板的做法多有差异，所谓"夹砂"就是在搁栅上部铺油毛毡后捣煤屑三合土（或煤渣水泥）等，找平后再铺贴马赛克或做水磨石等面层。讲究一些的夹砂楼板还在"夹砂"层内铺设钢丝网一层。夹砂楼板可设置简易地漏，避免积水。

根据房间跨度和木搁栅的搁置方式差异，木搁栅楼板又有单式楼板和复式楼板之分。简言之，跨度小的房间木搁栅搁置于墙体上，称为单式楼板；而当房间最小跨度已超过 15 英尺（4.57 米）时，先在较小跨度处搁置大梁，木搁栅则正交搁置于大梁之上，称为复式楼板。而大梁的形式有木梁、钢梁、钢板夹木梁、钢筋混凝土梁等多种类型。

木搁栅楼板取材便利、价格低廉，在上海近代建筑中应用最为广泛，从旧式里弄、新式里弄到花园里弄和部分低层公共建筑均有使用。早期老式石库门里弄建筑曾使用杉木的木格栅，后期就大多采用洋松了。

Part II
混凝土楼板

1824 年，英国工匠约瑟·阿斯普丁（Joseph Aspdin）用石灰石和黏土烧制成水泥并申请了专利，因水泥硬化后颜色与英格兰岛上波特兰用于建筑的石头相似，故称为"波特兰水泥"，从此水泥成为现代建筑材料并被广泛运用。开埠后，水泥进入中国并逐步推广，1890 年前后建成的唐山"细绵土"厂开始生产国产水泥。

20 世纪初期钢筋混凝土技术在上海开始普及，学界一般认为，建于 1908 年、由新瑞和洋行与协泰洋行设计的华洋德律风公司大楼，是上海第一座完全采用钢筋混凝土框架结构的建筑。钢混的组合集合了钢梁、

（图 8.8）20 世纪 30 年代中国商业银行施工中的钢骨梁柱

钢筋耐拉力和混凝土耐压力的优势，成为近现代建筑运用最为广泛的人工材料。

近代钢混建筑结构大体分钢骨混凝土和钢筋混凝土两类。钢骨混凝土先用钢梁、钢柱做框架，再用混凝土外包浇筑，在 20 世纪 20—30 年代高层建筑中常见。

钢筋混凝土比钢骨混凝土更节省钢材，从里弄建筑中的亭子间晒台到公共建筑的楼板，钢筋混凝土楼板运用得极为广泛。其做法是将钢筋绑扎成型后浇筑水泥、粗细骨料的混凝土，形成梁板柱，从而使两种材料黏结成整体共同受力。

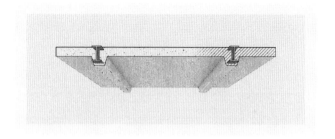

（图 8.9）钢骨混凝土（劲性混凝土）肋形楼板剖透视示意

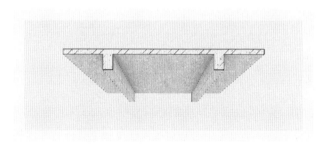

（图 8.10）钢筋混凝土现浇楼板剖透视示意

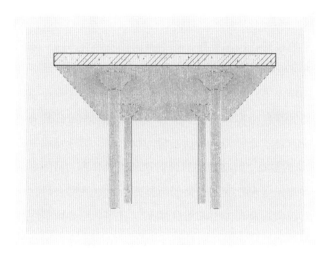

（图 8.11）有柱帽无梁楼板剖透视示意

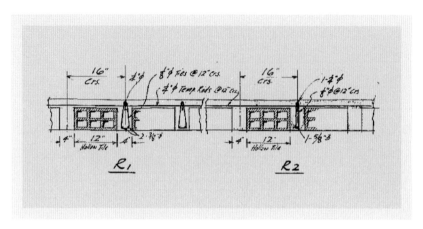

（图 8.12）雷士德工学院（1934）密肋梁楼板详图

　　整体而言，上海近代建筑中的混凝土楼板大多采用现浇方式。直到20世纪60年代后，混凝土空心预制板等各类预制楼板才开始变得常用。

　　钢混楼板中，还有一种特殊的承受荷载较大的楼板形式，即无梁楼板。无梁楼板，顾名思义，就是楼板不设梁，直接将板支撑于柱上，柱顶多设柱帽，板厚较大，多在200毫米以上。无梁楼板柱间距相对较小，柱网开间平均布置，板底平整，可为室内留出较大净高，常用于楼面荷载较大的近代仓储类建筑。

　　钢混楼板由于外加了抹灰，又被吊顶天花遮蔽，往往很难仅从外观判断其内部的特色和差异，直至进行房屋质量检测或建筑修缮加固时方能发现其独特之处。例如在东长治路的雷士德工学院修缮中，发现这座建于1934年的建筑，其楼板为特殊的密肋梁板，密肋梁间嵌入六孔砖填充。推测其做法是绑扎密肋梁钢筋时整齐嵌入六孔空心砖，利用空心砖充当模板，再浇筑混凝土形成组合梁板。这样，空心砖在起到隔声隔热效果的同时，不但使密肋梁板板底平整，也有利于室内灵活分隔和换取较高的净高空间，一举多得。

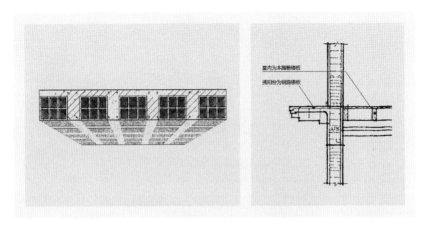

（左图8.13）密肋梁嵌空心砖组合楼板剖透视示意图；
（右图8.14）室内木搁栅板和室外阳台混凝土板组合的里弄建筑历史图纸

　　这种嵌空心砖的密肋梁在上海近代建筑中并非孤例，笔者在外滩29号东方汇理银行大楼修缮时也曾见到。此做法因一举多得的优点，推测也是近代建筑中常用的一种楼板，但因建筑室内楼板外已加抹灰和吊顶遮蔽，我们只能在修缮时才能一睹其真容。

　　此外，同一建筑的楼板也会因位置不同而采用不同的结构形式。如里弄建筑大多采用木搁栅楼板，而其亭子间的平屋面晒台则采用钢筋混凝土现浇板。又如部分低层建筑室内采用木搁栅楼板，室外阳台则采用钢筋混凝土现浇楼板，满足日常使用和外部防水需求的同时也能节约开支，这也正是上海近代建筑务实特点的体现。

　　楼板作为建筑结构的重要组成部分，也反映了建筑技术发展的轨迹。受限于其隐蔽于装修或抹灰之内的原因，本文中涉及的近代建筑楼板类型必定是挂一漏万，还有待在修缮工程中继续发现和总结。

　　近代时期曾经多元的楼板类型，在今天已经被钢混楼板一统天下。重新认知近代建筑中的楼板建造技术，或许也可为当代建筑创作提供多元性、在地性和经济性的借鉴。

Chapter 09

—

文明的见证：
上海近代建筑中的
卫生洁具

—

Sanitary Appliances
in Shanghai Modern
Architecture

近代上海在经历着建筑营造技术引入与革新的同时，其社会构成与市民生活方式也在发生着重大的变化，二者相辅相成、相互影响。转变生活方式的一项重要的物质内容就是完善基础设施、升级卫生设备，而这一时期卫生洁具的普及和多样化正是上述转变的重要体现。

但是卫生洁具深藏于建筑私密之处，加之以往对于生活设备的价值认知和保护措施也都不足，近代卫生洁具在房屋修缮装修中难逃被遗弃和更换的命运，如今留存的实物已属凤毛麟角，使得开展相关技术史研究也存在诸多困难。

Part I
卫生水厕与抽水马桶

古代如厕虽可用"出恭""雪隐"等风雅词汇来描述，但实则并非美好的事情。近代是卫生环境转向现代化和文明化的过渡时期，市政自来水管道和排污管道的逐步普及，也为卫生间小环境的提升打下了基础。19世纪70年代，上海租界内道路陆续铺设了排水管道，1883年上海自来水股份有限公司开始供水，于是到20世纪初，租界内西式房屋已基本都采用卫生水厕了。

所谓水厕，最大的技术创新点是将排污管设置为S形管，形成存水弯，使存水弯内始终保存一些水，从而起到密封作用，达到清洁无异味的效果。这样的水厕既有抽水马桶式也有普通的蹲便式。

抽水马桶将清洁水厕与坐具相结合，因其舒适性而迅速流行起来。根据马桶的排污方式，近代历史建筑中的抽水马桶可分为下排式和后排式两大类。

下排式较为常见，即马桶排污管穿至楼板下一楼层的排污方式，这种做法在近代公共建筑中使用较多，也是当代建筑采用的主流排污方式。后排式则较为特殊，马桶靠外墙安装，将排污口向后接至外墙之外的排

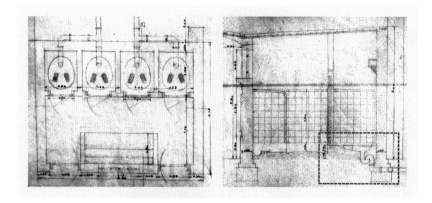

（图 9.1）蹲便式水厕剖面图纸中的 S 形存水弯

污管道内，排污立管顺墙而下接入化粪池或污水管，也被称为"高 P 马桶"。这种接至外墙之外的排污方式，既减少了排污立管对室内空间的占用，同时也因不需要在地坪开孔而有利于楼板防渗，因此在里弄建筑、花园洋房以及木搁栅楼板的公共建筑中使用广泛，一些钢混结构的大楼也会采用这种做法，减少渗漏的可能性。

因此，在里弄建筑中常见建筑次立面外墙上挂满各种黑色的粗铸铁管，这其中很多就是后排式马桶的排污管。

Part II
卫生洁具

在近代住宅建筑中常将面盆、马桶、浴缸三件卫生设备称为一套"大卫生"，而只有面盆、马桶二件的则俗称"小卫生"。新式里弄住宅崇尚西方生活习惯，注重经济且讲究卫生，因此都配有至少一套"大卫生"，而面积更加宽裕的花园住宅等都配有多套大小卫生设备。

不过"大卫生"三件套也只是新式里弄和中等花园住宅的标配，富

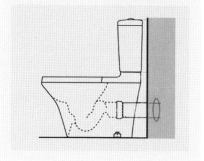

（图 9.2）后排式马桶实物和排污示意

户豪宅则有更多体现西方生活方式的卫生洁具类型。如上海市文物保护单位汾阳路 79 号，俗称"小白宫"，至今保存了全套完整的卫生间洁具，除面盆、马桶、浴缸外，还包括坐浴桶和立体喷水淋浴，以及地坪马赛克和墙面瓷砖，保存状态良好，实属难能可贵。

相比私宅，在公共建筑中，卫生洁具种类除上述家用卫生洁具以外，主要增加了男厕所的小便斗。在今延安西路 64 号中国福利会少年宫的一层男厕中就保留了一组三个陶瓷小便斗洁具，并仍在使用之中。

与此相类似的还有杨锡镠设计的百乐门舞厅的公共卫生间。1934 年

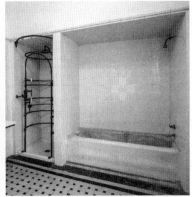

（左图 9.3）汾阳路 79 号卫生间内保存的面盆、马桶、坐浴桶洁具；
（右图 9.4）汾阳路 79 号卫生间内保存的浴缸和和立体喷水淋浴

（图 9.5）延安西路 64 号中国福利会少年宫保留的陶瓷小便斗洁具

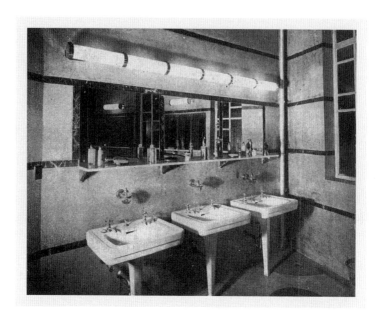

（图9.6）百乐门大饭店舞厅内女厕所梳妆台

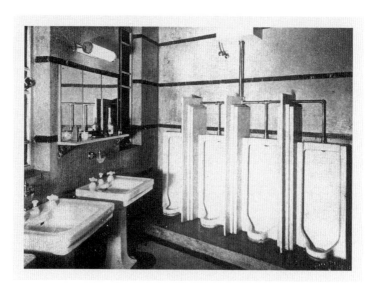

（图9.7）百乐门大饭店舞厅内男厕所

（图 9.8）慎昌洋行 A.M.Co 字母缩写的三角商标

1 月发行的《中国建筑》曾对当时刚刚落成的百乐门舞厅进行了大篇幅的详细报道，其中用两个页面刊登了男女卫生间的实景黑白照片，使我们今天可以一睹当年"执宴舞界之牛耳者"建筑内的公共厕所和卫生洁具，这应该也代表了 20 世纪 30 年代上海公共卫生间和卫生洁具的最高水平。

Part III
进口卫生洁具代理商慎昌洋行

卫生洁具属于西方舶来品，早期虽也采用铁制，但近代已多采用陶瓷（近代写作"陶磁"）制作。近代卫生陶瓷洁具主要依靠进口，在文献中最常见到的就是由慎昌洋行进口经销的司旦达洁具。

慎昌洋行（Andersen Meyer & Co. Ltd.）是近代上海规模最大、影响最为深远的机器、设备进口中介公司，在近代杂志广告中常见其三角形的 A.M.Co 商标。

慎昌洋行本为丹麦公司，后改组成为美商，一跃成为近代机器设备进口的龙头。1902 年丹麦人马易尔（Vilhel Meyer）来到中国，1905 年与

（图 9.9）圆明园路上慎昌洋行 20 世纪初期历史照片

其在宝隆洋行的两位丹麦籍同事安德生（I. Andersen）、裴德生（A. Petersen）在泗泾路 2 号租屋创业，并在 1906 年 3 月 31 日正式成立慎昌洋行。行名中文"慎昌"，取"广大而复谨"之义。然而早期主要经营小规模商品进口，生意惨淡，安德生、裴德生相继退出。1910 年前后，马易尔为扩大机器进口业务而赴欧美，与"素来驰名之工业机器制造厂数家订约，由本行任驻华独家经理"，获得美国奇异电器公司（"奇异"为 GE 音译，即美国通用电气公司 General Electric Company 的缩写）的中国独家代理权，成为其发展史上重要一环，公司地址改迁至圆明园路 4 号。

1915 年 3 月慎昌洋行在纽约改组为慎昌洋行有限公司，1917 年成为太平洋发展公司（The Pacific Development Coporation）的子公司，成为一家美国商行，从而获得欧美尤其是美国厂商机器进口业务的在华代理权，并在某些领域形成了垄断之势。

20世纪20年代后慎昌洋行又经过几次改组，成为总部设在上海并拥有一千余名中外雇员的大型国际贸易公司，是近代中国先进机器设备进口与配套服务的最重要供应商，另一个角度说，它也客观上促进了近代中国工业技术与材料的引进和发展。

在建筑领域，1915年慎昌洋行就设立了建筑工程部，一方面引进和销售建筑设备与材料，另一方面也提供结构设计和安装等技术服务。慎昌洋行参与、配合了诸多中外建筑师事务所的建筑结构设计工作，因此我们在近代建筑的历史结构图纸中，常能看到慎昌洋行"Andersen Meyer & Co. Ltd."的图签。

在卫生洁具方面，慎昌洋行也充当了重要的进口代理商。在《建筑月刊》和《中国建筑》两份重要的近代建筑期刊中，曝光频率最高的卫生洁具就是由慎昌洋行代理的"司旦达"品牌。

Part IV
司旦达浴室瓷

"司旦达"是"Standard"的音译，当时称为"美国司旦达卫生制造公司"，即"标准制造公司"。1875年约翰·B. 皮尔斯（John B. Pierce）和弗兰西斯·J. 托伦斯（Francis J. Torrance）在美国创立了标准制造公司，生产铸铁抽水马桶、盥洗盆和浴缸等室内浴室洁具。1929年，美国散热器公司（American Radiator Company）与其合并后称为美国散热器和标准卫浴公司（American Radiator & Standard Sanitary Corporation），缩写为American-Standard，即今天我们非常熟悉的卫浴品牌"美标"。

司旦达卫生洁具在20世纪20年代由美生洋行任中国独家代理，到20世纪30年代就由慎昌洋行独家代理了，这一时期也是卫生洁具大量

（图 9.10）司旦达公司标签

（图 9.11）美标公司全称 American Radiator & Standard Sanitary Corporation

普及推广的时期。1929 年的《新闻报》中有一则广告，身着长袍马褂的男主人正邀请男女宾客参观其卫生间，原本的生活私密之所也成为邀客参观之处，可见当时卫生洁具已成为中上流家庭的标配和时尚体面的象征。

除常规的形式外，卫生洁具的外观也随需求变化而日渐多样。1937 年 3 月出版的《建筑月刊》第 4 卷第 12 期中刊登了《现代之浴室》一文，举例说浴盆"现时则设计不同，色样各异。盆中坐位，有在一端，有在边沿，亦有在两角者"。文中所描述的浴盆实物如今已难看到，不过仍可通过当时的广告了解其特色形式。

当然，近代时期还有其它进口品牌的卫浴产品也被广泛使用，其中很多品牌驰名至今。

（图 9.12）"司旦达"广告中，穿中式长袍马褂的男主人邀请男女宾客
参观其新居内配有一套"大卫生"设备的卫生间

（图 9.13）慎昌洋行代理的司旦达 Neo-Angle 浴盆

（图 9.14）近代建筑中浴缸上的 KOHLER（科勒）标签

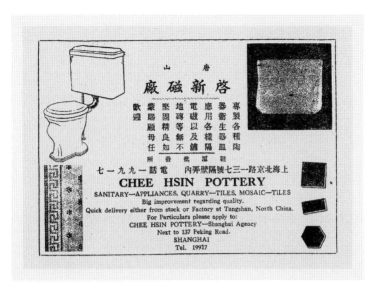

（图 9.15）唐山启新磁厂广告

Part V

唐山启新磁厂

近代时期的卫生洁具主要依靠进口，但国产卫生洁具也有使用，主要产自唐山启新磁厂。它是 1914 年唐山启新洋灰公司成立的生产陶瓷的附属厂，1924 年由德国工程师汉斯·昆德（Hans Guenther）租赁经营，定名启新磁厂。该厂经过技术改良后生产出的卫生陶瓷，标志着陶瓷卫生洁具首次实现了国产化，唐山启新磁厂也成为近代国产卫生洁具的代表并延续至解放后。

卫生洁具的推广普及是近代生活方式文明化和现代化的重要体现。虽然现存实物稀缺，但作为建筑技术史的重要组成部分，相关研究还将在实物与文献的双重验证下继续展开和深入，卫生洁具也会成为一把认知近代建筑和社会的新的钥匙。

Chapter 10

—

寒冬里的暖阳：壁炉

—

Fireplaces in Shanghai Modern Architecture

红衣白胡、憨态可掬的圣诞老人背着大包礼物，小心翼翼地爬上屋顶，或是自己纵身一跃入烟囱，或是把礼物通过烟囱送到家中，这是小朋友心中关于圣诞节的美好童话。童话中，烟囱下正是冬日里的壁炉，它宛如燃烧在家里的太阳，为全家人带来温暖团聚与暖黄色的光。

壁炉的英文为 Fireplace，顾名思义，是装在墙壁上的火炉。依靠火炉辐射热量是传统的住宅室内取暖方式，古罗马时期房间内由火盆或者火炕供暖，而沿墙壁设置炉膛和烟道取暖的壁炉一般认为首创于中世纪，开放式的炉子被移到房屋靠近墙壁一侧，通过高耸的排风罩将烟通过烟道排到室外。

壁炉作为西方生活方式的一部分，在近代伴随西方建筑与西方人一同来到上海。1861 年苏州吴县冯进士对西洋建筑的描述中就提到了壁炉——"炉火方炽，炉皆依壁，铁钩莹然"。壁炉也因其反映出的西方建筑特征，而成为近代建筑室内空间的重要构成部分和视觉焦点。同时，壁炉也是室内空间的核心组织元素，人们的起居、生活都围绕着壁炉展开。

Part I
炉膛、烟斗、烟道和"四件套"

炉膛、烟斗、烟道和室外的烟囱组成了功能最基本的壁炉，而壁炉形式的多样性则由装饰丰富的壁炉套来打造。

作为室内取暖设备，壁炉炉膛向房间半开放，内部摆放炉架和燃料。炉膛要长期经受一千多摄氏度的高温，因此炉膛地坪（底盘）多为石材，炉膛内采用耐火砖砌筑，保证燃料充分燃烧的同时可使炉膛墙壁表面受热均匀，不对建筑的墙壁产生伤害，充分发挥壁炉的安全供暖功能。炉膛上部为覆斗形的烟斗，将烟气聚集后通过烟道从高出屋面的烟囱排出。

壁炉的燃料有柴木和煤炭等不同类型。以柴木燃烧为例，壁炉内的柴木摆放也有专门的要求：将大木头放在墙角而非炉架（薪架）上，这

（图 10.1）近代报纸中圣诞老人从烟囱发放圣诞礼物的形象

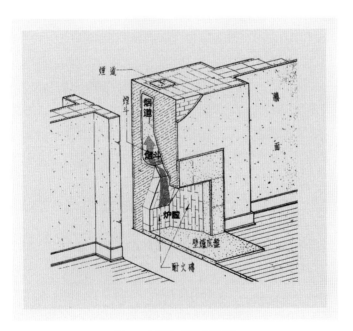

（图 10.2）炉膛、烟道构造示意

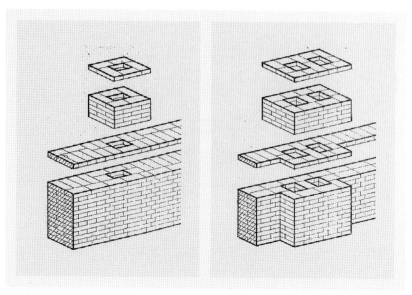

（图 10.3）砖砌烟道构造示意

（左：½ 砖 × ¾ 砖 · 烟道；右：¾ 砖 × ¾ 砖 · 双烟道）

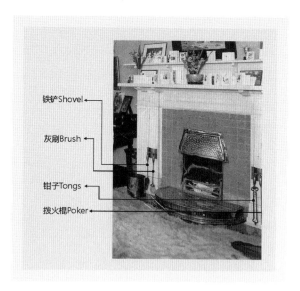

铁铲Shovel

灰刷Brush

钳子Tongs

拨火棍Poker

（图 10.4）1926 年虹桥老宅照片中的壁炉 "四件套" 配套工具

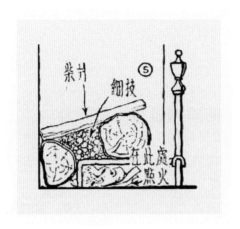

（图10.5）壁炉内柴木生火方式示意

块木头称为"炉背大木头"（backlog）；在炉架上靠近炉口的位置摆放大块整木，再在两块大木头间的炉底上满放小木片、松球或干树皮等易燃物；在两大木间的炉架上摆放细枝和引火物（如浸过火油的锯屑）。全部摆放安置完成后再在炉架下生火，引燃壁炉内柴木。

用于排烟的烟道，是在砖墙砌筑时预留出的以砖为模数的烟道空腔，就普通住宅来说，烟道尺寸多为 $\frac{1}{2}$ 砖 × $\frac{3}{4}$ 砖或 $\frac{3}{4}$ 砖 × $\frac{3}{4}$ 砖。根据近代文献记载，烟道的横截面尺寸和炉膛开口具有一定的比例关系，一般来说烟道横截面面积不小于炉口面积的 $\frac{1}{12}$，如果炉口过大或烟道较小，就会将炉底垫高或者在炉膛口上方增加厚铁皮来降低炉口高度。

从烟道尺寸看，大则不过 180 毫米 × 180 毫米，显然是圣诞老人无法容身的，且纵身跃下无异于飞蛾扑火。可见，童话是美好的，礼物还是要靠自身奋斗的。

此外，壁炉在使用中还有配套的工具用于打理、疏通和清扫，但随着壁炉取暖功能逐渐丧失，这些配套工具留存至今的已经非常稀少，我们只能在一些历史照片中见到。常见的壁炉配套工具有铁铲、钳子、拨火棍和灰刷，被称为壁炉"四件套"，也有另配工具支架的，合称"五件套"。

Part II
建筑风格的室内延续：壁炉套

近代建筑中的壁炉不仅出现在花园住宅、里弄住宅中，在旅馆、公寓、学校、办公楼等公共建筑中也可以见到装饰精美、特色鲜明的壁炉。人们围绕着壁炉起居、工作、生活，无论冬夏，壁炉都是室内空间的视觉焦点，也是室内装饰风格、空间主次关系的重要象征物。

壁炉的装饰风格主要依靠炉膛以外的壁炉套来体现，也是建筑风格的室内延续，可以分为新古典、文艺复兴、巴洛克、装饰艺术派等，但也如同近代上海建筑一样，具有很强的折衷与混合性。

简易的壁炉套多为木制，由两侧支柱衬托横梁，横梁上做托板用于摆放饰品，整体上形成一个"П"形的门字独立框架。门字框内中心为耐火砖砌筑的炉膛，炉膛周边多做彩色釉面砖装饰。

在门字框的基础上添加古典主义细节，便形成了更具有装饰性的壁炉。如支柱改为古典柱式，横梁则采用额枋、齿饰、莨苕叶等装饰成古典建筑的檐部，壁炉套就俨然是一个微缩版的古典建筑的立面门套。

采用古典柱式支撑额枋檐口的装饰形式也见于石材或仿石的壁炉套，柱式的形式也不局限于希腊和罗马柱式，近代上海的西班牙风格建筑中也常见西班牙所罗门绳柱承托檐口的西班牙式壁炉，与建筑风格浑然一体。

如同建筑一般，除了采用古典柱式承托额枋外，也有采用雕塑来做立柱装饰的，雕塑形象有人有动物，而在上海近代建筑中又以动物立像更为多见。

当房间需要更加高大的壁炉作为空间核心时，常采用"上下叠合"和"内外套叠"的方式形成室内通高的组合壁炉。

（图 10.6）形式简单的门字框壁炉套（虹桥老宅）

　　"上下叠合"的组合式壁炉是在门字形壁炉套基础上，如同建筑般在竖向上叠加排列，形成与墙面等高的二层甚至三层框架组合。与视线同高的上层作为装饰重点，采用体现建筑风格的山花、柱式和各种装饰；而下层则相对简化，采用立柱承托横梁的门字形形式。

　　除"上下叠合"外，高敞大空间的组合壁炉也有采用层层"内外套叠"形式的。如前文所述，炉口的尺寸与烟道截面积要遵循一定比例关系，因而炉膛本身尺寸一般是相同的，于是就在这个功能意义上的壁炉之外套叠放大的巨型壁炉套，形成不同层次和尺寸的壁炉组合。

　　在原哥伦比亚乡村俱乐部舞厅内，东西墙面上是与房间通高的带覆斗巨型壁炉，大壁炉套为立柱横梁门字框，额枋上有代表美国的星条徽章和"Columbia Country Club"的缩写符号"CCC"，大壁炉套内部则隐

（图 10.7）爱奥尼柱式与额枋檐口组成的壁炉套（外滩 29 号原东方汇理银行）

（图 10.8）所罗门绳柱承托檐口的西班牙式壁炉（孙科住宅）

（图 10.9）某近代建筑中采用翼狮立像作为壁炉立柱

（图 10.10）"上下叠合"的组合式壁炉上部采用体现建筑风格的山花、柱式
（上海市文联大楼）

（图 10.11）与房间通高的带覆斗"内外套叠"巨型壁炉（原哥伦比亚乡村俱乐部舞厅）

（图 10.12）近 3 米高的"内外套叠"巨型壁炉（中国福利会少年宫）

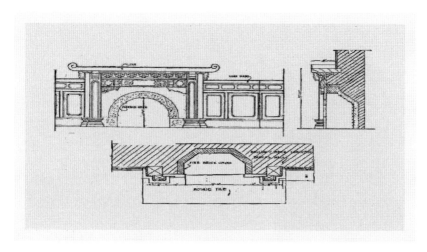

（图 10.13）"中国固有式"建筑中的中式壁炉形象（南京外交宾馆图样壁炉详图）
上左：立面图；上右：剖面图；下：平面图

（图 10.14）外交宾馆壁炉立面炉口造型（上）与旧上海市博物馆拱门（下）比较

（图 10.15）非主要空间内装饰简单、通体瓷砖的壁炉

（图 10.16）装饰性壁炉以极具仪式感的方式强调出空间中的核心位置
（卜内门洋碱公司大楼）

藏着实际功能意义上的炉膛和小壁炉套。这样的"内外套叠"式巨型壁炉也见于中国福利会少年宫的大厅内。

壁炉套作为建筑风格的室内延续，在"中国固有式"建筑内也有了中国化的装饰处理。典型案例见于 1934 年《中国建筑》上刊登的基泰工程司设计的南京外交宾馆图样，其中壁炉立面采用清代官式建筑做法，须弥座、雀替、阑额、斗拱、和玺彩画一应俱全，炉膛口则是将官式的拱券门形式等比例缩小而成。

除了木、石材壁炉套外，也有一些装饰简单、通体瓷砖的壁炉，在非主要房间和公共通道内使用。瓷砖壁炉相对造价低廉也便于日常打理，同样也可通过定制不同样式、模数的瓷砖和采用多样化的拼贴方式，实现其装饰的多样性。

Part III
装饰壁炉套与无火电壁炉

随着建筑中管道暖气的应用普及，秋冬取暖的壁炉逐渐丧失实用功能，但作为文化象征，壁炉仍继续作为房间视觉中心，承担着重要的装饰作用。

建于 1923 年的卜内门洋碱公司大楼五层大会议室，室内整体布置全覆盖的柳桉木护壁，在主墙面中心设置了壁柱和通高的壁炉，虽然这个壁炉并无炉膛、烟道，完全是一个大理石组成的装饰构件，但也以极具仪式感的方式强调出了这个房间的核心位置。

20 世纪 20 年代初期，在炉膛内通过电加热来取暖的无火电壁炉也进入上海，与装饰性壁炉套相结合，增加壁炉仿真效果的同时也起到了辅助采暖的效果。

通过一张 1934 年雷士德工学院原校长办公室照片，可见校长李赍博（Bertram Lillie）背后为采暖用暖气片，另一侧则为现代风格的石材壁炉，炉膛内正摆放着插电的无火电炉。

（图 10.17）雷士德工学院原校长办公室内同时设置暖气片与壁炉；
壁炉炉膛内摆放的无火电炉（左）与壁炉现状（右）

（图 10.18）现代风格的石材壁炉和炉膛内预留的电插座

（图 10.19）炉膛内的无火电炉介绍与产品图片

所谓无火电炉（electric logs for the fireless fireplace），实际上是用赤陶制成带树皮的原木样式，内有电阻丝，通电后即可发热，从而模仿柴木燃烧发热的效果。在 20 世纪 20 年商务印书馆发行的《英文杂志》上就刊登过此类产品的介绍。

此类仿柴木无火电炉多放置于石材壁炉炉膛内，壁炉不设烟道，多采用现代简约风格，突出标志为炉膛内的胶木电插座。

壁炉曾经是近代建筑中不可或缺的组成元素，同时作为一种温暖和相聚的象征，在寒冷的季节中融化了人们对凛冬的恐惧，构成了围炉而聚的温馨生活场景。时至今日，壁炉也作为历史建筑的重点部位得到了保护保留。

Chapter 11

—

清洁便利，日夜温暖：热水汀

—

Radiators in Shanghai Modern Architecture

初到长江以南的北方人大多不适应江南的冬季，常有"北方人过冬靠暖气，南方人过冬靠一身正气"的调侃。如今，南方冬季可以采用空调取暖，那么在西风东渐下的近代上海，人们如何面对漫长的寒冬？

壁炉作为一种相对古老的采暖方式，在 20 世纪初期，已被近代上海的西式建筑广泛使用，而此后则渐渐被更加清洁、高效的热水汀所取代。

热水汀就是暖气，水汀，即蒸汽"steam"的洋泾浜语，近代也写作"暖汽""煖汽"。虽然称之为"暖气"，但传递热量的"热媒"不仅有高温的水蒸气，也有安全性更高、噪音更小的热水。近代美国和部分欧洲大城市多采用集中供暖系统，大型市政锅炉房生成高温高压水蒸汽后，通过管道输送至千家万户。而近代上海没有城市集中供暖，采用的是建筑各自安装锅炉的分散采暖方式，其中规模较大的公共建筑多采用锅炉蒸汽供暖，而小型的花园洋房则倾向于更易于管理的热水供暖方式。由于上海冬季的严寒低温时间较短，采用热水供暖不需"火力全开"，如陈炎林编著、出版于 1934 年的《上海地产大全》中记载，"在上海冬季，大部分用及散热器全量之半或四分之三，如此可省煤，而室中仍保有合宜之温度"，可知相较蒸汽锅炉，热水汀更能节省能源。

关于热水汀的最早使用时间，根据陈警钟著《暖气工程》记载：

"回溯中国之有暖气工程者，约为近二十五年之事，当时仅一外商Good-Fellow Company 独操其事，然时代巨轮推至今日，试观有暖气设备建筑物之众多，卫生暖气工程所之林立，足见暖气事业之蒸蒸日上也。"

据此记述，暖气大约于 1913 年开始在国内使用，但是在 20 世纪前10 年的部分文献和历史图纸中已可见暖气，如建于 1906—1908 年的汇中饭店历史图纸中已有暖气图纸（但该图纸无图签，无法判断暖气是否为后期改造时新增）。因此推测，上海开始使用暖气的时间约在 20 世纪10 年代前后。至 20 世纪 30 年代，暖气在上海的公共建筑、公寓和花园

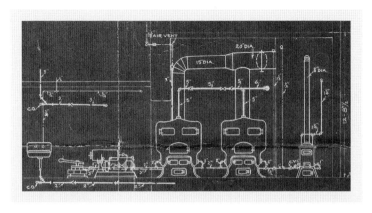

（图 11.1）卜内门洋碱公司大楼地下锅炉房立面历史图纸（1921）

洋房中已较为普及。

Part I

热炉、管道与散热器

热水汀作为一整套供暖系统，大致可分为产生热量的热炉、输送热量的管道，以及终端的散热器三大部分。

热炉根据采用燃料不同，可分为煤炉和燃油炉，又以煤炉为主。热炉内燃料燃烧产生热量，再通过蒸汽或者热水等热媒传送到散热器，为各个房间供暖。

可惜的是，随着 20 世纪 50 年代上海被划定为不采暖地区，加之当时能源短缺、物资匮乏，采暖用的热炉大都停止了使用，逐渐拆卸后便不知去向。如今在上海近代建筑中已很难见到保存至今的热炉，只能通过近代杂志报纸和历史图纸一睹其貌。

规模较大的公共建筑大都采用较大型的锅炉（boiler）作为集中供暖的热源。20 世纪 20 年代起，大型公共建筑已经专门设置地下室作为锅

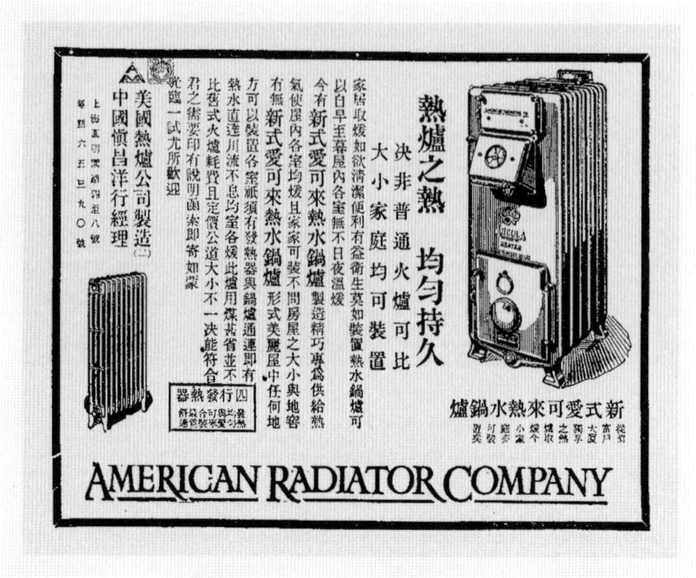

（图 11.2）美国热炉公司热水锅炉广告

炉房，配备锅炉、水箱、泵、管道等设备，热媒（蒸汽或水）通过管道与楼层中的散热器相联通。

规模较小的建筑如花园洋房，则更多采用小型的家用热炉。其主要生产商之一美国散热器公司成立于 1892 年，1929 年标准卫浴制造公司（即《文明的见证：上海近代建筑中的卫生洁具》中的“司旦达”公司）与其合并成立美标公司，而热炉的主要进口商也是大名鼎鼎的慎昌洋行。

此外，当时还有英国热炉有限公司（National Radiator Co., Ltd., British）、Hul，England 等外国热炉品牌在中国推广。

煤炉燃煤市场的竞争也颇为激烈。近代上海的燃煤供给来源大体分为三类：一是从海外进口，称为“外煤”或“洋煤”，主要来自英国、日本、越南；二是外资企业在国内开采的煤，称为“外资煤”“合资煤”；三是由中资独资企业经营开采的“国煤”。近代上海开埠初期，以进口

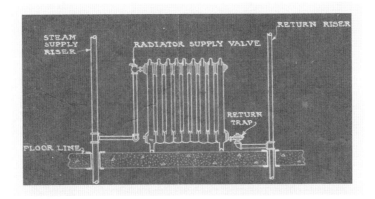

（图 11.3）散热器及管道立面历史图纸（1921）

（图 11.4）华洋德律风公司六层室内电话接线间内的暖气散热器

（图 11.5）雷士德医学院实验室历史照片

白铁皮

（图 11.6）通过增设反射物提升暖气热辐射效果的措施

英国、澳洲煤为主；19 世纪 70 年代—20 世纪 10 年代，日煤曾独占鳌头；第一次世界大战后，华资煤矿快速发展，上海使用的"国煤"主要为山西白煤、门头沟白煤（此两种煤均为无烟煤）、大同烟煤等。

除煤之外，采用柴油取暖的热炉，也以进口产品为主。

散热器（radiator），俗称"暖气片"，是暖气系统中的采暖终端，最广为人知，也因其大多在墙体凹龛内或窗台下，不碍空间使用，即便在 20 世纪 50 年代逐渐停止使用后，也避免了被拆除的厄运，如今在上海近代建筑中还经常可见暖气片实物遗存。

散热器由一系列的盘管组成，热媒流经盘管进行散热。散热器外观盘管错综，以达到散热表面积最大化。散热器表面多涂银色涂料，《建筑月刊》中称为"水汀银漆"，更利于散热。散热器设热媒进、出两个接口，分别连接供暖立管（steam supply riser）和回水立管（return riser），各设阀门控制。

位于江西中路和汉口路路口的华洋德律风公司（Shanghai Mutual Telephone Company）大楼建成于 1908 年，其六层的室内电话接线间是一个拱形的大空间，房间采暖需求较大，从历史照片中可见房间中间均匀布置了暖气散热器，其上部设木桌作为装饰和办公使用，为电话接线员提供了良好的办公环境。

20 世纪 30 年代，暖气在上海新建的公共建筑中已较为普及。1932 年建成的雷士德医学院（Henry Lester Institute for Medical Research）室内已设置壁挂式的暖气片，干净整洁，不额外装饰，与医学研究院的整体科研氛围相得益彰。

为提高散热器的热辐射效果，在近代杂志中还可见在暖气片后增加铝箔、白铁皮等反射物的"生活小贴士"。

到 20 世纪 40 年代，还出现了可以插电取暖的电暖气（电汽水汀）。电暖气体型小巧、便于携带，通电即可采暖，可用于各种房间，尤其适用于一些热舒适性不足或难以增设暖气的空间，已与当代电取暖器无异。

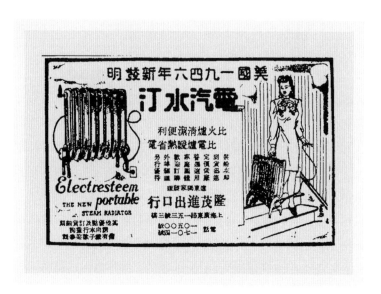

（图 11.7）体型小巧、便于携带、通电取暖的电暖气广告

Part II

热水汀的外装饰

暖气片虽只在冬季发挥作用，但作为室内陈设的组成部分，仍需要进行必要的隐蔽与美化，使之融入室内装饰与空间环境中。

散热器通常体量较大，多设置于窗台之下或其他靠墙位置。如暖气安装与建筑设计一体化，则多在墙体砌筑时特意做出壁龛，使散热器恰好可以嵌入其中，外包设有金属篦子罩的木护壁等装饰，以便散热，如此散热器外观与室内装修即可浑然一体。为方便检修，金属篦子罩为可开启形式。

更为常见的暖气设置位置是嵌于窗台之下。

在暖气片外增加金属装饰篦子，可以将其最大程度地隐蔽起来。暖气罩金属篦子也是室内装饰的一个重要内容，篦子图案根据室内装饰风

（图11.8）刘吉生宅（1926）内嵌墙暖气，机罩关闭（左）和打开（右）的状态

（图11.9）某历史建筑室内暖气片修缮前后对比照片
（原暖气片设于窗台下，外部不做遮蔽装饰）

（图 11.10）孙科住宅（1931）内卍字版图案的暖气罩金属篦子

（图 11.11）郁金香图案的暖气罩金属篦子

（图 11.12）雷士德医学院（1932）门厅以"L.I.M.R"字母为装饰图案的暖气外罩金属篦子

格和业主喜好而不同。

雷士德医学院则将"Lester Institute for Medical Research"的首字母缩写"L.I.M.R"作为装饰图案，嵌入到门厅暖气罩金属篦子中，成为独特的符号性装饰。

1956年，我国开始实施"采暖补贴"制度，依据1908年由地理学家张相文提出的"秦岭—淮河线"，划定该线以北为集中供暖区域，在计划经济体制下，集中供暖区域的划分会影响到住宅设计中暖气设施的有无，因此，暖气自此逐渐退出了上海的民用领域。

数十年过去了，如今空调、地暖、电暖气等现代采暖设备已再次在上海普及，冬季室内热舒适度有了极大提升。近代遗留的热水汀虽已大多不再使用，但也曾是上海成为近代摩登大都市的技术支撑之一，在当今的历史建筑保护修缮工程中也应得到重视和保护。

Chapter 12

—

坚固胜于地板，
美丽可比地毯：
五彩水泥花砖

—

Cement Tiles
in Shanghai Modern
Architecture

（图 12.1）丰富多变的水泥花砖

在五花八门的近代建筑材料中，有一种装饰材料使用时间长、应用普遍且耐久性强，直至今天还非常多见，这就是用于铺地的水泥花砖。这种颜色鲜艳、花式多样且价格低廉的材料，经过了从西方舶来到本土化生产的演变，最终"飞入寻常百姓家"，成为最具近代特色的地坪装饰材料。

Part I
工艺与历史

不同于上釉烧制的瓷砖，水泥花砖是一种水泥复合压制砖，"其费用除水泥地面外，较之任何铺地材料为低，而其耐久性，容或过之。"

水泥花砖，又称洋灰花砖、五彩花砖、水泥花阶砖等，英文 cement tile，顾名思义，是由白水泥、普通水泥、砂子、石粉、颜料等经过拌合、振动加压成型、脱模、养护等工序而成的装饰制品，花色图案丰富美观，价格相对低廉，质地坚硬，具有耐磨防潮、经久耐用的特点，因而在近代建筑尤其是居住建筑中非常流行。从里弄住宅到花园洋房，从中心城区到郊区大宅，甚至一些早期的公共建筑中，都能看到水泥花砖的身影。

水泥花砖的制作采用手工与机械相结合的方式。先结合设计绘制图样，后根据图样制作金属模具，再将颜料与白水泥混合而成的色浆，分色手工灌入预制好的金属模具中，灌注厚度3~5毫米。脱掉图样模后，撒干性水泥粉吸收色浆中多余水分，从而形成彩色图案层，再灌入水泥砂浆进行机械压铸，成型后浸水养护7天以上，出水干燥后打磨抛光，便完成了花砖的制作。其中，机械压砖是决定地砖质量的重要环节，需要的压力高达上百吨（近代文献有140吨和200余吨等记载），在此压力下生产的花砖才有足够的密实度及脱模强度。

常见的水泥花砖以正方形为主，规格多样，如八寸方（202毫米 × 202毫米）、六寸方（152毫米 × 152毫米）、四寸方（101毫米 × 101毫米）等，厚度多为5英分（15.8毫米）。也有三角形、六角形、梯形等大小和形状各异的水泥花砖，可类似马赛克一般拼成丰富的图案。

水泥花砖至迟到19世纪末应已传入上海，早期主要从欧洲和东南亚进口。目前在1902年建成的外滩华俄道胜银行室内还可见到大楼始建时期的水泥花砖，但因为后期装修等因素，目前展示的水泥花砖是用楼内保存相对完好的老花砖重新集中铺贴而成，不过也算得上是20世纪初期的水泥花砖实例了。

建成于1910年的徐家汇天主堂采用法国进口的水泥花砖，花砖背面还有法语铭文，大意为"1878年世博会金奖（授予）布朗热（Boulenger），有非政府性注册专利，（来自）瓦兹省欧纳伊镇"。花砖采用两种色彩，图案为中心对称向外辐射的植物花卉图样。

复兴中路上的原德国技术工程学院建于1912年前后，室内门厅、走廊等公共空间大量采用了水泥花砖且保存完好，距今已有110余年，是上海近代早期公共建筑大面积采用水泥花砖且完整保存至今的珍贵案例，

（图 12.2）三角形、六边形、矩形、梯形等大小和形状各异的水泥花砖拼合而成的图案

（图 12.3）华俄道胜银行室内水泥花砖（左图：勾边砖；右图：芯砖）

（图 12.4）徐家汇天主堂水泥花砖

（图 12.5）原德国技术工程学院内走廊水泥花砖

使我们可以推想 20 世纪 10 年代水泥花砖在公共建筑中的运用情况。这栋建筑的设计单位德国倍高洋行也是前述华俄道胜银行大楼的设计单位，水泥花砖或许也是倍高洋行的钟爱吧。

随着大理石和水磨石等石材及仿石地坪材料在公共建筑中大量运用，20 世纪 20 年代后，水泥花砖已经较少见于公共建筑实例中，再加上其生产国产化导致价格降低，水泥花砖转而在居住建筑中大量普及，在里弄与花园住宅中都有非常普遍的运用，主要用于外廊、阳台、门厅、走廊等半室外空间或从室外进入室内的过渡空间，以满足这些区域的防水防滑需求；有些里弄还将客堂间等接待空间也用水泥花砖满铺，起到较强的室内空间装饰作用。

水泥花砖因其物美价廉、耐久性强等优点在近代居住建筑中持续使用，即便在抗日战争期间也不例外。抗日战争胜利后，合众花砖厂等国产花砖厂相继复业，将这一产品及其工艺延续下去，并向全国各地推广开来。

（图 12.6）花园住宅中水泥花砖用于室内玄关（左）和外廊（右）

Part Ⅱ
图案多样

从徐家汇天主堂和原德国技术工程学院这两个 20 世纪初期的案例看，早期进口的花砖主要是双色拼花，颜色淡雅。随着水泥花砖国产化和在居住建筑中大量普及，花砖图案与颜色得到极大丰富，形成了图案多变的"五彩花砖"。

正如近代启新洋灰公司的广告语"坚固胜于地板，美丽可比地毯"所言，五色花砖的图案与传统地毯图案有相似之处，即边缘为线性的勾边装饰，围合起内部的花团锦簇。因此，花砖也可分为用于勾边的"边砖"与内部填充装饰的"芯砖"两类，"边砖"的转角处还有特制的"角砖"。

作为一种建筑材料而非艺术作品，丰富多变的花砖样式需要考虑节省模具成本和便于图案创新，因此在生产中需通过模具形式和各种颜色的排列组合，实现效率最大化。如相同金属模具配以不同色浆、模具之间微差组合等，充分利用已有资源生产样式各异的花砖。

花砖的色彩运用，以灰、白、黑基本色搭配红、黄、蓝、绿等明度和饱和度较高的颜色为主。同一块花砖上的颜色大多控制在 3 种以内，以便减少操作错误，当然也有用到五六种颜色以体现丰富色彩的例子。

所谓"五彩花砖"的多种色彩拼花实现方式也有两类：第一类是将多种单色的异形砖拼合成复杂多色的花砖，类似马赛克原理；第二类则是把五六种颜色直接做在单片方砖中。前者制砖容易但铺贴费工，后者铺贴容易但制砖费工。在现存实例中，似乎前者多见于花园住宅，后者多见于里弄，可见前者更为精致、高档。

花砖的纹饰多为几何图形与花草植物纹样，图案兼顾装饰性与美好的寓意。芯砖多为中心对称图形，多块图样相同的方砖可拼合成更大单元图形，常见的为 4 块方砖拼合成一个单元，在近代图册中也有 16 块拼合成一个单元的图样。

如今，在居住建筑中还能时常见到水泥花砖的踪迹，可与近代的花砖产品样册对应参照。部分花砖虽与样册图案相同，但颜色存在差异，也正体现了当时的花砖生产是如何用相同金属模具来灵活适应市场的多种需要。

Part III
本土生产商

水泥花砖的国产化至迟在 1900 年后就开始了。在 1905 年 6 月 12 日的《时报》中，刊登了一则广东东莞"今能以新法制造"新式"半用机器半用人工"的五彩花纹地砖的新闻，可见此时在广东地区已有国产花砖制作。

据估计，上海大约也在同时期开始设厂生产水泥花砖，各类企业迅速发展，著名的有光华花砖厂、兴华花砖公司、发康花砖厂、华新砖瓦

芯砖
单片或四片成组
构成铺地的主体区域

边砖
铺地与墙等交接处
形成的勾边装饰

角砖
用于转角处的
边砖装饰

（图 12.7）水泥花砖装饰图案和构成示意

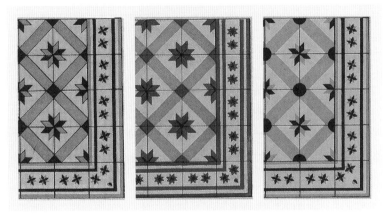

（图 12.8）图样可通过模具和颜色的排列组合来实现变化

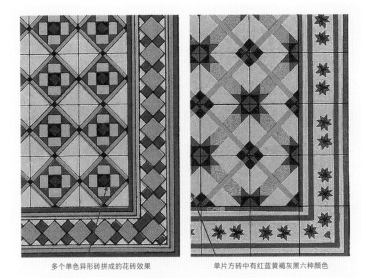

多个单色异形砖拼成的花砖效果　　　　　　　单片方砖中有红蓝黄褐灰黑六种颜色

（图 12.9）单色异形砖拼成多色花砖（左）；
多色单片花砖（右）

（图 12.10）16 块方砖拼合成一个完整单元的花砖图样

（图 12.11）近代合众花砖厂图册（左）与现存花砖实例（右）对应

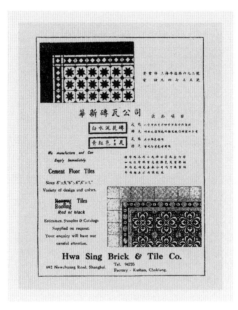

（图 12.12）华新砖瓦公司水泥花砖广告

（图 12.13）启新洋灰花砖公司广告

公司、合众花砖厂、启新洋灰公司上海花砖厂等。1915 年 4 月的《新闻报》和《时报》都曾报道光华花砖厂用国产水泥与特别颜料精造五彩花砖，1930 年 9 月 15 日也有江锡藩在周家嘴路保定路口独资创办发康花砖厂的报道。在专业建筑期刊和市民报刊中都可见水泥花砖的广告，可见其作为住宅室内装饰材料已经面向广大普通市民了。

　　水泥花砖凭借价格低廉、耐久性强、色彩丰富、装饰性佳等特点，在上海近代建筑中普遍使用，成为近代建筑铺地材料中不可或缺的重要类型之一。在部分地区，水泥花砖的生产和使用一直持续到 20 世纪 80—90 年代。在当代，水泥花砖也因其较强的装饰性和个性，有了小众化的创新和复兴趋势，或许在不远的将来，这种已有百余年历史的材料会再次焕发新的生机。

Chapter 13

—

向上生长：
外滩的高层建筑

—

The Skyscrapers
on the Bund
in Shanghai

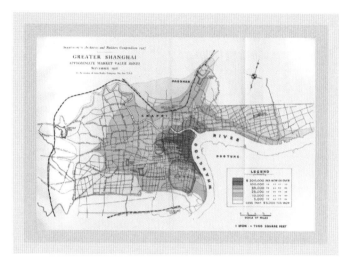

（图 13.1）1926 年上海地价图

高层建筑，是建筑技术为应对城市土地价格飙升，向高处发展以获取空间的结果。1927—1937 年是近代上海城市建设的"黄金时期"，其重要特征之一就是大量高层建筑如雨后春笋一般拔地而起，尤其在城市地价最高的外滩区域，整个街区的平均高度逐年攀升，六层以上甚至十层以上的建筑比比皆是。在商业、文化双重因素驱动的竞争下，外滩区域建筑的高度一再被刷新。

近代以前的塔、楼阁、教堂钟楼等，虽也不乏高达数十米者，但都是被观看的地标，以其"鹤立鸡群"之态而成为宗教与精神的象征。而近代以来的高层建筑，通过竖向叠加标准层以获取更多的使用面积，用于商业、办公、酒店等功能，其高度是建设投资者实力的昭示，也是商业社会竞争的产物。外滩作为近代上海地价最昂贵的区域，高层建筑也在这里形成了空间聚集。

在建筑学科中，"高层建筑"专指建筑高度 24 米以上的建筑，而在社会文化和大众意义上，"摩天楼"是更早出现并被大众所接受的称谓。

1903 年 4 月 21 日的《字林西报》（*The North-China Daily News*）刊登了一篇题为 "A Sky-scraperinthe Settlement" 的来信，大约是 skyscraper（中文译作"摩天楼"）第一次出现在上海的文献中。而本篇来信的内容，其实是反对在租界内建造摩天楼。但到 20 世纪 30 年代后，"摩天楼"和 "skyscraper" 已成为报纸刊物上关于现代化城市的最重要的字眼，因为这些高层建筑可以在有限地块内提供更多的商业办公空间，解决人口增多、城市平面扩张所带来的用地紧张、交通不便等问题，这些正是发达城市所迫切需要的。

高层建筑的兴盛既离不开经济发展、人口增长、房地产业兴盛等社会经济因素，也与技术的发展密切相关。在近代上海，必须先解决软土地基的处理技术问题，摩天楼的梦想才能得以实现。

Part I
地基与基础

上海地处长江入海口冲积平原，是典型的软土地质。软土松散不稳定，易沉降，不像粗颗粒砂土那样具有良好的强度，可作为天然地基使用；加之上海的地下水位很高，深度一般在 1 米左右，基坑开挖也具有一定难度。

地基处理与建筑基础设置，是上海自古有之的难题。北宋太平兴国二年（977 年）重建的上海龙华塔，为砖木结构，七层八角，总高约40.64 米，是古代"高层建筑"的代表。其塔基分为四层，最下层为截面14 厘米 × 18 厘米、长约 30 米的木桩，桩间填三合土，上铺 13 厘米厚垫木，木上加五层菱角牙子砖，最上层为 20 层方砖砌筑的砖基。

经过时间的考验，龙华塔的塔基处理被证实是成功的，它屹立于浦江之滨千年之久，现虽有不均匀沉降而向东、向北有所倾斜，但基本保持稳定，可见这种密木桩基础是应对上海软土地质的有效办法。

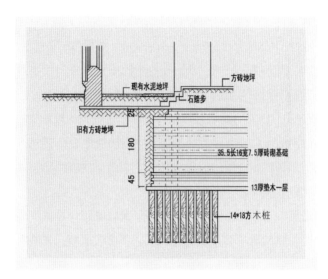

（图 13.2）龙华塔塔基处理剖面图（单位：厘米）

（图 13.3）第二代圣三一堂（1858 年冬）

（图 13.4）1897 年拍摄的第三代圣三一堂和钟楼

　　地基处理是境外来沪的建筑师和工程师们遇到的首要技术难题。英国土木工程师和建筑师、玛礼孙洋行（Morrison, Gratton & Scott）的创建者玛礼孙（Gabriel James Morrison），因上海地质状况差，甚至提出在上海只能建造非常低矮且基础巨大的建筑。

　　上海开埠初期的地基与基础技术工程实践，可以经历了三次建设的圣三一堂为例。1848 年，第一代圣三一堂在九江路建成，但因基础薄弱等多种因素很快损毁。数年后，在原址上利用原基础和墙体建成了第二代圣三一堂，但羸弱的基础也不能保证建筑的安全，第二代圣三一堂在 1862 年因局部坍塌而被拆除。

　　1866 年，第三代圣三一堂由英国建筑师司科特设计，在沪建筑师凯德纳负责具体实施，并于 1869 年建成开放。本次施工由英商番汉公司（Messrs. Farnham & Co.）承接，地基打桩使用了超过 6000 根木桩，木桩上铺设花岗石，作为教堂的基础。建成后的 150 余年时间证实，第三代圣三一堂的基础措施是正确的。

圣三一堂的钟楼于 1893 年在圣三一堂以北建成。钟楼高 73 英尺（22.25米），地面到塔尖十字架总高 159 英尺（48.46 米），地基已经采用新的混凝土处理方式，即钟楼基础在地下 5 英尺（1.52 米）处，由边长为 40英尺 × 4 英尺 × 4 英寸（12.19 米 × 1.21 米 × 10.16 厘米）的混凝土组成，角部采用木桩基，混凝土基础重约 300 吨。这一高耸的塔楼在建成后相当长的一段时间都是外滩的制高点，成为乘邮轮顺黄浦江到达上海时最先看到的地标。

与此同时，1901 年，在华外国工程师成立"上海工程师和建筑师协会"（Shanghai Society of Engineers and Architects），并于 1913—1914 年更名为中华国际工程协会（The Engineering Society of China，简称 ESC）。该协会将地基和基础技术作为重要的基础专题，持续进行关注和研究。协会几乎每年均有关于基础的论文发表，还组织成员参加了 1936 年第一届国际土力学与基础工程会议，并举办地基基础专题研讨会，成立"基础研究委员会"，对上海的基础技术发展做了深入的探讨，也为解决高层建筑等大型建筑物沉降问题摸索出了适应性的技术方案。

1908 年建成的外滩汇中饭店（Palace Hotel）高达 94 英尺（28.65 米），是外滩沿线的第一座高层建筑。建筑采用砖木混合结构，从历史图纸看，此时的基础仍为传统的大放脚形式。此后的地基与基础技术便开始加速发展。经过长期的研究分析、试错、观察监测和迭代优化，到 20 世纪 20年代，上海的高层建筑或者重要的公共建筑已基本采用平板式混凝土筏形基础与桩基结合的形式。

筏型基础如同一块平板船筏，上部的高层建筑承托在地基上，筏板下为石灰混凝土垫层，筏板地梁下都有深插地下的杆桩。

从放大的桩基节点图（图 13.5）看，筏板厚度大多 9～10 英寸不等，板下的桩长 12 英尺（3.6 米）左右，桩均匀布置在筏板地梁下。但历史

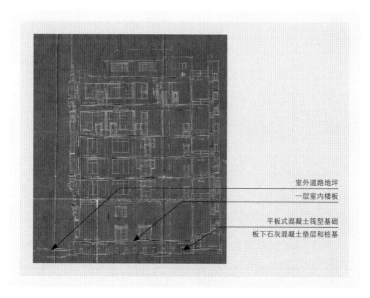

室外道路地坪
一层室内楼板

平板式混凝土筏型基础
板下石灰混凝土垫层和桩基

（图 13.5）卜内门洋碱公司大楼剖面图（1921）

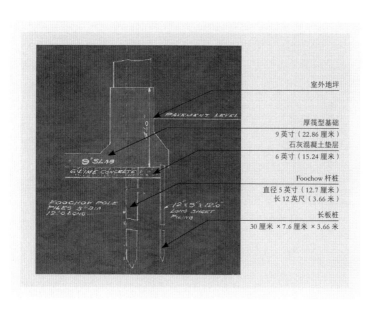

室外地坪

厚筏型基础
9 英寸（22.86 厘米）
石灰混凝土垫层
6 英寸（15.24 厘米）

Foochow 杆桩
直径 5 英寸（12.7 厘米）
长 12 英尺（3.66 米）

长板桩
30 厘米 × 7.6 厘米 × 3.66 米

（图 13.6）卜内门洋碱公司大楼桩基节点详图（1921）

NEW BUILDING FOR THE COMMERCIAL BANK OF CHINA.　　Davies, Brooke & Gran
Architects.

（图 13.7）中国建设银公司大楼（中国通商银行大楼新楼）设计图

（图 13.8）中国建设银公司大楼施工照片：围护用钢板桩（左）、木桩打桩（右）

图纸中"Foochow Pole Piles"的"Foochow"（福州）不知作何解释，有待后续挖掘。

高层建筑在使用筏型基础的同时，为了充分利用地下空间，还开挖了地下室。考虑到上海地下水位高，地下室大多为地下一层，并多采用半地下室的形式，这样还可使地下室具有一定的自然采光。地下室底板下仍是筏形基础和桩基。

20世纪30年代后，可靠的地基和基础技术，使新建筑的高度一再刷新。1936年建成的17层中国建设银公司大楼（中国通商银行所建新楼，建成后转让给中国建设银公司），由新瑞和洋行（Davies, Brooke & Gran Architects）设计、陶桂记营造厂（Doe Kwei Kee）承建，建筑高度到塔楼（水箱层）楼面为199英尺（60.66米）、到塔楼屋面顶为223英尺（67.97米），超越了一路之隔的14层的都城饭店与汉弥尔登双子楼，成为近代上海"外滩第二立面"区域的制高点。

中国建设银公司大楼的 1934 年施工过程资料，也记录了当时用"拉森钢板桩"做围护，以及在筏形基础下木桩打桩的情景，它是对近代上海建筑基础施工技术的直观呈现。

Part II
电梯

高层建筑在向空中发展的同时，还必须解决人员上下楼的垂直交通问题，建筑中的升降机（电梯）发挥了重大的作用。

1853 年，美国发明家奥的斯（Elisha Graves Otis）在纽约世博会上向世人展示了可以防止电梯轿厢坠落的安全电梯，这种安全升降电梯随后在高层建筑中得以推广应用，解决了多层和高层建筑的垂直交通问题，为建筑继续"向上生长"提供了技术支撑。

据文献记载，1887 年开业的五层客利饭店（Kalee Hotel）已经安装了电梯。此后，美国沃的斯（OTIS，今译为"奥的斯"）、德国西门子（Siemens）、英国伊斯顿（Easton）和史密斯和史蒂文斯公司（Smith Major & Stevens）等电梯厂家纷纷在上海开设代理，使电梯成为高品质多层住宅和高层酒店、办公建筑的标准配置。

可惜，近代建筑最初配备的电梯设备，在后来的修缮更新中大多已更换，那些装有伸缩铁栅门、需要专门驾驶员来操作的近代电梯，我们如今只能通过影视作品来了解其形象。

但九江路上圣三一男童学校大楼（1928）内，仍保留了一台与建筑同龄的铁栅式电梯，经修缮后目前仍可使用，这是近代上海为数不多保存至今、仍可继续使用的电梯实物。

圣三一男童学校建筑虽只有四层，但也配备了轿厢较大的电梯，可见 20 世纪 20 年代后期电梯在上海已相当流行。

（图 13.9）沃的斯（OTIS）电梯广告

许多大型的高层建筑，根据功能需要，可设置六到十部电梯，电梯的升降速度也在不断加快、轿厢越来越大。电梯的普及在为人们提供使用便利的同时，也促进了高层建筑继续向更高高度和更多层数发展。

Part III
钢框架与钢骨混凝土结构

如果单纯追求高度，砖混结构也可以砌筑起像龙华塔、圣三一堂钟楼这样数十米高的建筑，但这些建筑都以牺牲使用空间为代价来换取具有精神象征意义的高度，内部的空间利用效率不高。

砖混建筑依靠墙体来承重，层数越高墙体越厚。美国芝加哥建筑师认为，"12 英寸（30.5 厘米）为砌体砖墙基本厚度，每升高一层墙体应该增厚 4 英寸（10 厘米）"。位于芝加哥的蒙纳德诺克大厦（Monadnock）建于 1891 年，是早期砖混结构砌筑的高层建筑实例。虽然该建筑层数多

（图 13.10）圣三一男童学校大楼（1928）保存至今的铁栅电梯

达 16 层，但其底层墙体厚度达到 72 英寸（180.5 厘米），导致底层开窗狭小、使用空间逼仄，这些弊端使砖墙承重的高层建筑在短暂亮相后就退出了历史舞台。

1851 年伦敦世博会水晶宫使用了全钢结构和玻璃围护，在呈现出通透大跨空间的同时，也表明 19 世纪中后期钢框架结构已趋于成熟。这为高层建筑的结构优化带来了新的思路。

从砖混结构转向框架结构后，建筑整体重量大幅减少，内部空间划分更为自由灵活，外墙厚度不必随建筑高度增加而增加，从而获得了更大的使用面积。上海近代建筑常采用钢筋混凝土和钢骨混凝土两类框架结构。

钢筋混凝土是将钢筋绑扎后浇筑混凝土，使二者共同受力的框架结构，在 20 世纪 20 年代后已普遍应用于多层框架结构建筑中。位于江西中路

（图 13.11）上海华洋德律风公司大楼（20 世纪 10 年代摄）

（图 13.12）汇丰银行大楼钢结构框架施工照片（1922）

（图 13.13）汇丰银行大楼低层钢框架外包混凝土并砌筑墙体，
上部钢框架施工中（1922）

（图 13.14）中国建设银公司大楼施工照片，下部钢结构外已支撑起木模板，
准备浇筑混凝土（1935）

和汉口路路口的华洋德律风公司大楼，建成于 1908 年，学界将其认定为上海第一座完全采用钢筋混凝土框架结构的建筑。

与此同时，钢骨混凝土（steel-reinforced concrete, SRC）则更多运用于高层建筑中。钢骨混凝土是在型钢框架外浇筑混凝土形成共同受力的梁柱，也称劲性混凝土。起初，使用混凝土包裹型钢是为对钢结构进行防火保护，后来发现当混凝土参与受力后可减少钢用量（尤其是柱）、节约成本，由此发展出了钢骨混凝土结构。

1916 年建成的外滩有利银行大楼，是上海第一座钢骨混凝土结构的高层建筑，女儿墙高 106 英尺，塔楼高达 150 英尺。通过施工照片可清晰看到，外滩的汇丰银行大楼、海关大楼、和平饭店、中国银行、汉弥尔登大厦、中国建设银公司大楼等高层建筑，都采用了钢骨混凝土框架结构。

从历史照片中可以看到，钢框架的钢柱、钢梁多为 H 型钢，并采用铆接和焊接方式连接，在梁柱形成钢框架后，再外包木模板浇筑混凝土，形成共同受力的钢骨混凝土结构，并根据平面需求砌筑墙体形成围合。

Part IV
中国银行大楼的钢材生产商

中国银行大楼作为外滩的标志性建筑，自设计始就备受关注，在建造中也常刊登于报刊杂志，1937 年《建筑月刊》第 5 卷第 1 期（四周年纪念大号）用 23 个版面刊登了中国银行大楼全套图纸和施工照片，留下了丰富的史料，也可借此管窥近代上海建筑钢材生产与应用情况。

由施工历史照片可见，其时上部钢框架已搭建起来，下部梁柱外已支撑起木模板，正在浇筑混凝土，大楼的钢骨混凝土结构清晰可见。

由于中国银行大楼的标志性和重要意义，它的钢材供应商竞相借此项目不遗余力地进行广告宣传。在《建筑月刊》中，先后刊登了中国银行大楼采用的英国道门朗（Dorman Long）生产的"抗力迈大"钢（Chromador Steel）和德国克虏伯（Krupp）公司生产的"益斯得"钢（Isteg Steel）的广告。

同一幢建筑为何采用英、德两大钢厂的产品？仅从广告内容上，很难判断两大品牌的钢材在此项目施工中的关系，还需从两家公司的背景资料入手。

道门朗作为近代英国最大的钢铁制造商，由亚瑟·多尔曼（Arthur John Dorman, 1848—1931）在19世纪70年代与他人合作创立，是世界知名的大型钢结构生产商，悉尼海港大桥等大型桥梁都用其钢，茅以升主持兴建的杭州钱塘江大桥也采用了道门朗公司产钢。广告中提到的"抗力迈大"钢，又译作"克罗马多尔"钢，即铬锰钢，是一种高强度低合金钢，主要用于型钢梁柱。

德国克虏伯则是欧洲著名的钢铁和军火生产商。克虏伯家族企业在19世纪40年代后由阿尔弗雷德·克虏伯（Alfied Krupp）发展壮大，被称为"帝国兵工厂"。1866年洋务运动时，李鸿章曾率团访问德国克虏伯工厂，采购大炮、火车铁轨和北洋水师舰船的重要零部件等钢铁产品。

广告中克虏伯厂生产的"益斯得"钢，也译作"一世泰"钢，是埋于混凝土梁柱中的抗拉钢筋，即钢筋混凝土结构中的钢筋（近代称"钢条"）。后来《中国建筑》和《建筑月刊》还刊登《何谓"Krupp Isteg"钢？》和《介绍"益斯得"钢骨》等文章介绍其优点。

由此可见，中国银行大楼的主体钢框架结构，由道门朗生产的"抗力迈大"钢制作；而钢筋混凝土和金库墙体内的钢筋则由德国克虏伯生产的"益斯得"钢制作。两家世界著名钢铁厂各尽所长，一同成就了这座17层的近代外滩地标建筑。

通过中国银行大楼的用钢情况，也可管窥近代建筑用钢的主要来源。根据1935年《全国钢铁业概况》（《建筑月刊》第3卷第1期）一文，1932年全球钢产量主要由美国（45%）、德国（15%）、英国（8%）和

（图 13.15）中国银行大楼施工至第五层

（图 13.16）中国银行大楼钢结构施工至顶层

（图 13.17）中国银行大楼用钢广告之一：
英国道门朗生产的"抗力迈大"钢

（图 13.18）中国银行大楼用钢广告之二：
德国克虏伯公司生产的"益斯得"钢

（图 13.19）道门朗公司"抗力迈大"钢广告

日本（1.5%）等国贡献，而此时中国国产西式炼钢的产量只占全球钢产量的 0.02%，可以说，直至 20 世纪 30 年代中后期，国内建筑用钢都基本依靠进口。

贡献这 0.02% 的近代国产钢铁厂，主要有汉口六河沟公司、北京石景山龙烟公司、上海浦东周家渡和兴钢铁厂、山西阳泉保晋公司、太原育才钢厂和东北的鞍山钢铁厂、本溪钢铁厂等。其中上海本地的浦东周家渡和兴钢铁厂，1932 年时每日产铁能力 45 吨、产钢能力 80 吨，并创制了"天"字商标钢筋，是为数不多的国产建筑钢筋生产商。

薄弱的本土钢材生产水平，并未限制近代上海高层建筑的数量与规模，高昂的土地价格和对未来商业发展的信心，如磁石般吸引进口钢材源源不断地舶来，用以建造更高、更大、更新的建筑，以换取更高的投资回报率。

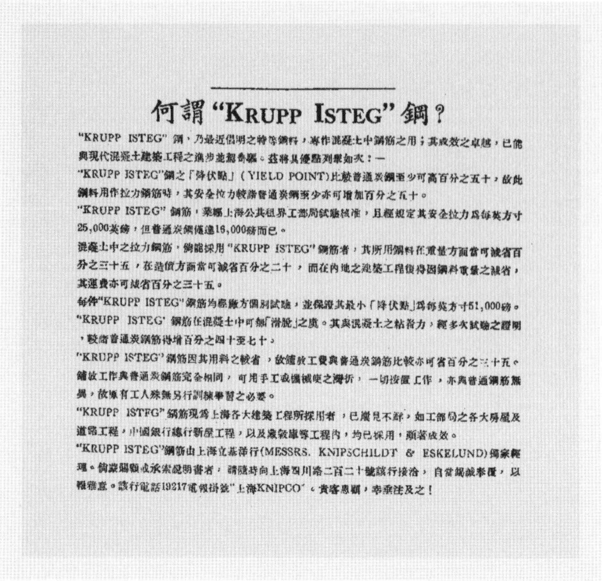

何謂 "KRUPP ISTEG" 鋼？

"KRUPP ISTEG" 鋼，乃最近偉明之特等鋼料，專作混凝土中鋼筋之用；其效之卓越，已能與現代混凝土建築工程之進步並駕齊驅。茲將其優點剖舉如次：—

"KRUPP ISTEG" 鋼之「降伏點」（YIELD POINT）比較普通炭鋼要少可高百分之五十，故此鋼料用作拉力鋼筋時，其安全拉力較諸普通炭鋼要少亦可增加百分之五十。

"KRUPP ISTEG" 鋼筋，業經上海公共租界工部局試驗核准，且經規定其安全拉力為每英方寸25,000英磅，但普通炭鋼僅達16,000磅而已。

混凝土中之拉力鋼筋，倘能採用 "KRUPP ISTEG" 鋼筋者，其所用鋼料在重量方面當可被省百分之三十五，在造價方面常可被省百分之二十，而在內地之建築工程倘得因鋼料重量之減省，其運費亦可被省百分之三十五。

每件 "KRUPP ISTEG" 鋼筋均經標明方面到試驗，並保證其最小「降伏點」為每方寸51,000磅。

"KRUPP ISTEG" 鋼筋在混凝土中可無「滑脫」之虞。其與混凝土之粘着力，經多次試驗之證明，較諸普通炭鋼筋得增百分之四十至七十。

"KRUPP ISTEG" 鋼筋因其用料之較省，故舖放工費與普通炭鋼筋比較亦可省百分之三十五總之工作與普通炭鋼筋完全相同，可用手工或機械眼之彎折，一切按置工作，亦無普通鋼筋無異，故毋育工人另行訓練學習之必要。

"KRUPP ISTFG" 鋼筋現為上海各大建築工程所採用者，已屢見不鮮，如工部局之各大房屋及道路工程，中國銀行新屋工程，以及滬甯鐵等工程內，均已採用，頗著成效。

"KRUPP ISTEG" 鋼筋由上海立基洋行（MESSRS. KNIPSCHILDT & ESKELUND）佩家經理。倘蒙賜顧或承索說明書者，請隨時向上海四川路二百二十號該洋行接洽，自當竭誠奉覆，以報雅意。電行電話19317電報掛號「上海KNIPCO」。貴客惠顧，幸乘注及之！

（图 13.20）关于克虏伯公司"益斯得"钢的介绍

（图 13.21）新和兴钢铁厂"天"字商标钢筋广告

Part V
建筑法规与高层建筑

作为城市空间的重要组成部分，沿街建筑的体量和高度，既能给行人最直观的空间感受，也影响着相邻建筑的日照、通风、消防等客观性能。因此，在商业和资本追逐利益最大化、技术材料升级共同助推外滩建筑"向上生长"的同时，对于建筑高度采取规划管控也非常必要。

20世纪初，上海公共租界就采用规划建设立法的方式，对建筑高度与街道宽度之间的比例关系进行了控制，体现出工部局对于高层建筑与城市公共空间环境品质的关注。

1903年8月，《西式房屋法规》（*Foreign Building Rules*）颁布，管控的重点为建筑高度，规定一般建筑高度不得超过85英尺（25.9米）。1914年工部局成立"建筑规则修改委员会"，对已颁布的房屋法规进行修订和完善，此次修订更加关注建筑高度与街道宽度之间的比例关系。

新的建筑法规《新中式建筑规则》和《新西式建筑规则》于1916年12月公布，并于1917年6月21日正式实施。由王进翻译并于1934年出版的上海公共租界《西式房屋规则》（下文简称《规则》）中，对建筑高度与街道宽度之间的比例关系的要求如下：

"第十四条 各种房屋（教堂除外）之高度。如未经本局之允许，不得高过八十四呎。但必要时本局，得考虑其房屋四邻之情况，而酌加之。如新屋一边有宽过一百五十呎之永留空地时，则本局不拒绝其加过上定高度。

房屋之高度，（除去合理之美术装饰物）不得大过自沿此屋之路线，至沿对面房屋之路线垂直地平距离（按即路宽）之一倍半。倘路将放宽时，则须量至对面放宽后之路线（按即放宽后之路宽）。

转角处，房屋沿狭路面之高度，得以较宽之路为标准。其门面长度，

（图 13.22）20 世纪初外滩街景

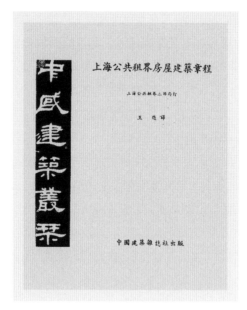

（图 13.23）中国建筑杂志社出版的
《上海公共租界房屋建筑章程》（1934 年译本）封面

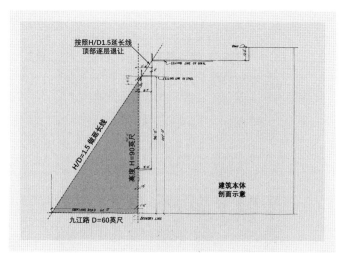

（图 13.24）原大陆银行建筑高度与街道宽度比例关系分析示意

得与沿较宽公路门面相等。但不得过八十呎。

房屋之高度，以自路冠起至屋顶底面为准。"

新《规则》要求建筑高度不超过 84 英尺，即 25.6 米，且建筑高度不能超过其外墙最外端到市政道路对面距离的 1.5 倍。

以九江路上的原大陆银行大楼为例，将九江路宽度（60 英尺）和大楼的 1.5 倍高度（即 90 英尺）作为直角三角形的两条直角边，该三角形的斜边即高度规定了建筑沿街一侧的可建范围，建筑顶部可通过设置退台增加楼层数，退台边界不可超过"三角形"斜边延长线。

大陆银行大楼通过底层退让红线，使建筑临街立面高度超过了 84 英尺而达到了 96 英尺（但不超越"三角形"斜边延长线）。可见，《规则》中对于街道剖面的高宽比的控制强度高于对立面绝对高度的控制强度，避免了以 84 英尺的单一标准"一刀切"，从而形成了建筑群基准高度相似而各建筑高度错落参差的丰富天际线。在如今的城市更新中，这一做

（图 13.25）原大陆银行大楼北立面现状，上部采用退台形式

（图 13.26）香港路上的上海银行公会效果图，可见其层层后退的设计

（图 13.27）公和洋行设计的 38 层中国银行大楼方案效果图

法或许值得重新回溯借鉴，起到鼓励建筑多样性的目的。

　　大陆银行沿九江路立面即按照这种 $H/D=1.5$ 的比例关系进行了顶部退让，形成了层次丰富的立面形式，也为上部楼层提供了露台空间。同时注意，《规则》中建筑高度以楼板面高度计，而非以女儿墙高度计，这也是与现代规划高度计算方法不同的地方。

　　对建筑高度与街道宽度之间的比例关系进行控制，在充分利用土地、尽可能提高建筑高度的同时，也避免了因一味追求高度而导致街道空间压抑、通风采光不畅的问题，并且形成了外滩区域特有的建筑风貌特征：外滩区域高层建筑有着 25 米左右的"第一立面"，顶部又都采用了若干层退台形成高度变化，从而平衡了建筑高度与街道公共空间开敞度的关系。

　　同时，基于管控建筑高度与街道宽度间比例而非单纯限制建筑高度的原则，《规则》也指出一种特殊情况：如果建筑与宽度超过 150 英尺（45.72 米）的永久空地相邻，则不受高度限制。因此，外滩一线面朝黄浦江的建筑并无高度限制，1929 年建成的沙逊大楼高 13 层、164.5 英尺（50.14 米），而公和洋行为其相邻的中国银行大楼设计的新建方案达到了惊人的 38 层，如若按此方案建成，则中国银行大楼将远超 22 层（265.9 英尺，即 81.05 米）的国际饭店，成为近代上海的制高点。

Part VI
高层建筑中的中国元素

　　作为经济实力象征的高层建筑，自然也是文化象征的争夺焦点。在高层建筑外观从新古典主义风格向装饰艺术派和现代主义风格逐步转型的过程中，对建筑的中国化表达始终也是中国建筑师尝试的方向。

　　外滩区域高层建筑中的中国元素，主要采用"大屋顶"与中式立面装饰元素两种手法来体现。典型的带有中式元素的高层建筑有中国银行大楼（公和洋行与陆谦受设计）、聚兴诚银行大楼（基泰工程司设计）、基督教女子青年会大楼（李锦沛设计）和亚洲文会大楼（公和洋行设计）等，以及一些建筑的局部室内中式空间，如金城银行、大陆银行、汇丰银行等。这些带有中式特征的建筑大多由中国建筑师设计或中国企业投资，而公和洋行设计的亚洲文会大楼尤其值得一提。

　　亚洲文会是英国皇家学会的亚洲分会，全称为皇家亚洲文会北中国支会（North-China Branch of the Royal Asiatic Society），主要进行亚洲的自然科学研究，并出版会刊《皇家亚洲文会北华支会会刊》（*Journal of the North-China Branch of the Royal Asiatic Society*）。

　　19 世纪 70 年代，第一代亚洲文会建筑在上海英领馆西侧建成，仅是一座二层坡屋面建筑，主要含图书馆和陈列室两部分。1931 年 1 月 20 日，新的亚洲文会大楼在原址奠基，1932 年 11 月竣工开放。大楼外观为装饰艺术派风格，高六层，主要分为图书馆（三层）、博物院（四、五层）和演讲厅（二层）三部分，其中博物院主要展陈亚洲动植物标本和农作工具、古钱币等。

为体现亚洲研究和博物收藏的主题，建筑立面上大量使用了中式装饰元素，使这栋英国人设计的装饰艺术派风格建筑有着浓郁的中国文化气息。

大楼采用对称、端庄的竖向三段式立面，基座和顶部是装饰重点，中间楼层强调竖向挺拔感。

大楼顶部中央采用雌雄卧狮拱卫着中部"R.A.S."字样（即皇家亚洲文会"Royal Asiatic Society"首字母）的石匾额，两只石狮下的绣球和幼狮清晰可辨，是典型中式院落正门外的雌雄双狮主题，只是将其位置从大门移到了屋顶之上。从原设计立面图看，雌雄狮子的形象更加贴近传统的门狮。两侧女儿墙装饰为饕餮纹，窗下还有夔龙纹，这些古青铜器上的装饰纹样，都与博物馆的陈列主题形成呼应。

"双狮拱卫"的母题也见于四川中路 133 号卜内门洋碱公司大楼顶部。大楼采用了一对神话中的翼狮拱卫在中央山花两侧的装饰，这是古典主义建筑常用的立面装饰形式。公和洋行设计亚洲文会时，借鉴了这一形式，重新设计出以中国传统院落大门外的传统雌雄卧狮为主体的匾额形式，也是中西建筑母题结合的一个有趣案例。

建筑底层的八卦窗、二层的云纹望柱头栏杆、石匾额等，也都中式韵味十足，充分体现了建筑师对中式表达的关切。这也是公和洋行等外商设计公司为数不多的中式装饰艺术派建筑案例。亚洲文会新大楼设计于 1931 年，设计时间介于基督教女子青年会大楼（李锦沛设计，1930）和大新公司（基泰工程司设计，1935）、中国银行大楼（1936）等中式装饰艺术派建筑之间，也是西方建筑师探索新建筑融合中式元素的一次有益尝试。

（图 13.28）亚洲文会大楼新楼建成照片

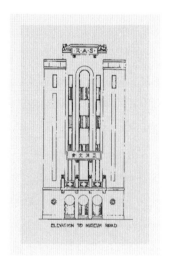

（图 13.29）亚洲文会大楼正立面图

（图13.30）亚洲文会大楼立面顶部的双狮和饕餮纹装饰细节

（图13.31）立面设计图中的屋顶双狮更具中式传统雌雄门狮特征

（图 13.32）卜内门洋碱公司大楼顶部山花和两侧的翼狮

（图 13.33）亚洲文会大楼立面的中式装饰细节

回溯外滩高层建筑"向上生长"的动因，既有商业与文化层面的竞夺，也有技术发展的支撑。外滩作为近代上海现代化程度最高的区域，通过引入软土地基与基础处理工程、电梯和钢骨混凝土等新技术、新设备，以及高度管控等先进的规划理念，形成了拔地而起的高层建筑群，绘制了独特的近代建筑天际线，如今已成为上海城市文化遗产的重要组成部分。

Chapter 14

—

广告中的
上海近代建筑业

—

Shanghai Modern
Architecture
in Advertisements

广告，意为广而告之，就是向公众或市场告知某件事情或推荐某种商品或服务。商业广告和商业行为紧密结合，在市场仅局限于本地的古代社会，广告主要体现为传统招贴形式；但当市场扩大到更大的地域范围甚至全国，就需要通过在媒体上刊登广告，借助媒体的发行推广来向更大范围的市场进行产品展示与说明，从而获得更多商业机会。

商业广告是架设在销售者与消费者之间的桥梁。近代上海由商而兴，在如火如荼的商业活动中，各类广告在报刊中了占据重要篇幅，中文报纸如《新闻报》《申报》《大公报》等广告与新闻的比率甚至达到 6∶4，堪称"镶嵌着新闻的广告报"。

凡商业都需要广告。在兴旺的近代建筑营造行业中，也不乏竞争激烈的营造商与产品商的各类广告。以近代上海出版的最具影响力的两份中文建筑行业杂志《中国建筑》与《建筑月刊》为例，广告在每期杂志中往往占据十余页甚至数十页篇幅。透过这些形形色色的广告，可以从新的角度去管窥中国近代建筑行业，尤其是建筑技术的发展。

Part I
《中国建筑》与《建筑月刊》

近代中国建筑界发行的最为重要的专业建筑学术刊物，大抵上有中国营造学社出版的《中国营造学社汇刊》（1930—1945）、中国建筑师学会出版的《中国建筑》（1932—1937）、上海市建筑协会出版的《建筑月刊》（1932—1937），以及《新建筑》（1936—1949）等。

其中《中国建筑》和《建筑月刊》均编辑出版于上海，主要刊登 20世纪 20 年代后期和 20 世纪 30 年代的建筑作品，尤其是上海的近代建筑作品，通过刊物中的建筑作品和建筑材料广告，可以了解那个阶段的建筑发展状况。

《中国建筑》由中国建筑师学会主办，1932 年 11 月创刊，1937 年 4

（图 14.1）《中国建筑》创刊号封面，其英文名"The Chinese Architect"
体现出其宣传中国建筑师群体的使命

（图 14.2）《建筑月刊》创刊号封面。封面图片采用"美国纽约城市政服务公署建筑中之钢柱"，
暗示了杂志关注国际先进建筑技术和材料

月停刊，以月刊形式发行，共出版 30 期。《中国建筑》以刊载宣传本土建筑师和其建筑作品、理论文章为主，成为宣传本土建筑师尤其是学会成员的主要阵地。从《中国建筑》的英文名称"The Chinese Architect"就可见其代表中国第一代建筑师发声的办刊使命。

《建筑月刊》（*The Builder*）由上海市建筑协会主办。上海市建筑协会是由陶桂林、杜彦耿等近代营造业的领袖人物组织而成的行业协会，会员主体是营造业和建筑材料行业的从业者，因此其办刊宗旨在于科普和宣传建筑营造的技术、材料、风格等，介绍内容就不仅局限于本土建筑师的作品，而是既全面介绍国内外最新建筑实例及建筑材料、设备等，也介绍西方建筑历史、在华的西方建筑师及其作品等。

《建筑月刊》也是 1932 年 11 月创刊，1937 年 4 月停刊，共计出版了 5 卷 49 期。它与《中国建筑》办刊时间相同，但其发行相对稳定，出版期数是《中国建筑》的 1.6 倍。

两份期刊的办刊宗旨和服务对象虽然有所差异，但是作为建筑行业的期刊杂志，其广告内容倒是基本相同，经常会在两份杂志上看到图面、文字完全相同的广告，通过这些广告也可侧面了解近代建筑行业的技术水平和发展状况。

Part II
近代建筑和营造厂

两份期刊的主要读者为建筑师、工程师、营造厂和其他从业人员，他们也是广告面向的目标客户。作为《建筑月刊》的主办者，营造商是投放广告的主体，他们的广告占据各期刊的重要版面。

营造商的广告大多以"说明型"为主，即用文字阐述业务范围、联系地址及电话，再配以近期完工或在建项目来佐证自身实力，图文内容相对朴实。广告出现的频次也是各营造商实力的体现，各家营造商虽未

（图 14.3）1933 年的"馥记营造厂"广告以列举工程项目为主（左）；
1935 年的广告就以上海第一高楼"四行储蓄会"（今国际饭店）的一张照片来显示其行业地位（右）

必期期上刊，但总要保持一定的曝光率，尤其是当本期中有自家营造的建筑介绍时，该营造商必定不遗余力要在本期的广告位中占有重要一席。

　　陶桂林创办的"馥记营造厂"作为中国本土营造厂中的重量级企业，早期还是采用"列表式"广告，即通过罗列项目来体现实力，后期其负责建造的"上海第一高楼"四行储蓄会大楼（今国际饭店）完工后，广告中就只放一张大楼照片，无需多言，其行业地位便自然彰显。陶桂松创办的"陶桂记营造厂"也采用相同广告形式，以外滩中国银行大楼的照片来体现其实力，其余文字能简则简。

　　后来，不仅是这两家承建近代上海地标级建筑的大营造商，其他如"久记营造厂""新仁记营造厂""新申营造厂""锦生记营造厂""久泰锦记营造厂"等各家营造商也都以展示自己代表性建筑业绩的方式作为广告，这些信息也为我们了解近代中国营造业情况提供了佐证。

（图14.4）"陶桂记营造厂"也是以一张"中国银行大楼"的照片
作为业绩广告来体现营造实力

（图14.5）"光明水电工程有限公司"承办"扬子饭店"和"新亚酒楼"热水汀
和冷暖水管卫生器具工程

广告中的上海近代建筑业

（图 14.6）"久记营造厂"承建"大上海影戏院"（华盖建筑事务所设计）

（图 14.7）"新仁记营造厂"承建"汉弥尔登大厦"（今福州大楼）（左图）、
"百老汇大厦"（今上海大厦）（右图）

（图 14.8）"新申营造厂"承建"麦特赫司脱公寓"大楼（今泰兴大楼）（左）；
"锦生记营造厂"承建"枕流公寓"（哈沙德洋行设计）（右）

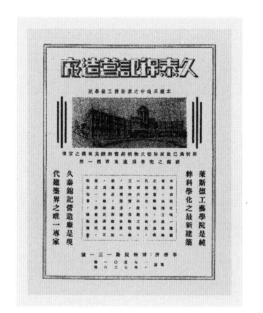

（图 14.9）"久泰锦记营造厂"承建"莱斯德工艺学院"
（雷士德工学院，由德和洋行设计）

（图 14.10）"陶记营造厂"承建南京东路"迦陵大厦"

（图 14.11）"申泰兴记营造厂"承建"大陆银行大楼"（今上投大楼）

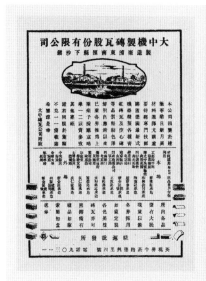

（图 14.12）砖瓦广告在每期中都有较多篇幅，
左为"大中机制砖瓦股份有限公司"广告，右为"振苏砖瓦公司"广告

提到营造厂，如今人们常把"陶馥记""陶桂记"和"陶记"混淆，借此机会梳理一下："馥记营造厂"（也称"陶馥记营造厂"）由江苏南通人陶桂林（1891—1992）创办，"陶桂记营造厂"由浦东川沙人陶桂松（1879—1956）创办，"陶记营造厂"则由浦东合庆人陶伯育（1906—2006）创办，三位陶老板之间也无亲属关系。

Part III
建筑材料

除了营造厂以外，建筑材料商是最主要的广告发布者，内容涵盖水泥、砖瓦、石材、面砖、马赛克、五金、钢窗、油毛毡、地板、家具等，其中砖瓦类是用量最多的工程材料，所占的广告篇幅和数量也最多，如

（图 14.13）"中国铜铁工厂"广告图示建筑为原大夏大学群贤堂（现华师大文史楼），
其钢窗为中国铜铁工厂生产

今我们熟悉的泰山、大中、振苏等厂及其砖瓦产品，前文已专门论述过，
这里就不再赘述。

20 世纪 20 年代中后期，钢窗取代木窗成为建筑用窗的主要材料。
早期钢窗尚依靠进口，西方品牌如"好勃司""葛莱道"等，售价昂贵。
据《建筑月刊》记载，由"泰康行"汤景贤首创钢窗国产制造。随着制
钢技术发展和产品需求增多，国产钢窗发展迅速并占据了主要市场。

两刊中钢窗广告每期必有，主要的国产钢窗厂家有泰康行、中国铜
铁工厂、东方钢窗公司、大东钢窗公司等等，钢窗类型也涵盖平开窗、
上下悬窗、中悬窗等开启方式类型，以及使用铅条彩色玻璃作装饰的钢窗。

中国铜铁工厂的广告不同于其它窗厂，每则广告都配以工程实例，
以示所言非虚。

各类建筑配套辅件如门锁、五金、油漆、地板等，也在广告栏中占

（图 14.14）"大东钢窗公司"这则广告以第三人称（编辑）的口吻，
说明该公司由恒振昌船厂创办，同时说明恒利银行、四明邨、扬子饭店等所用钢窗
均为大东钢窗公司生产

（图 14.15）"中国铜铁工厂"广告图示建筑为虹口四行储蓄会大厦，
其钢窗为中国铜铁工厂生产

（图 14.16） "大东钢窗公司" 广告，图示中可见上旋钢窗以及
配合铅条彩色玻璃装饰的钢窗产品

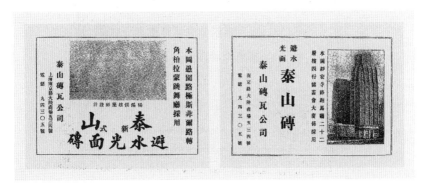

（图 14.17） "泰山砖瓦公司" 出品的 "避水光面砖" 用于 "柏拉蒙跳舞厅"（今百乐门舞厅）（左）
和 "四行储蓄会"（今国际饭店）（右）

（图 14.18）"东方钢窗公司"广告

（图 14.19）以门窗五金门锁为主业的"瑞昌铜铁五金工厂"广告

（图 14.20）大陆实业公司生产的"马头牌"固木油

（图 14.21）由"上海地板建筑公司"广告中可知外滩 17 号字林西报大楼等建筑
室内木地板采用其产品

（图 14.22）从“大美地板公司”的广告中，可见当时木地板所用木材主要有 4 种檀木，以及柚木、柳桉（榴安）、利松、哑克、茄腊等种类

（图 14.23）“上海美丽花纸行”的墙纸广告采用前后对比方式，广告词为“牡丹虽好，犹需绿叶相扶”

（图14.24）从"祥泰木行"广告中可见当时主要建筑用
木材和装饰用木材的种类

（图14.25）"新电公司"灯罩广告中可见各式灯罩

有一席之地。

从近代建筑材料广告信息中，还能获知很多不易直接从现存建筑材料中获得的信息，比如建筑用木材，根据纹理可辨洋松、柚木、柳桉等，但若再细致区分，则非建筑师和施工工匠难以轻松做到。而通过杂志中的木地板、木材和木装饰等广告，可找到当时常用的多个木材种类，如柚木、洋松、花麻栗、柳桉、白杨、桐木等，为木材类型研究提供了依据。

此外，由于室内软装更替频繁，很多近代建筑最初的室内软装如今早已无存，只能通过历史照片一窥，而室内墙纸广告也提供了一条认知室内软装的途径。

还有一些配套建材的广告，如铸铁件生产商"荣泰铜铁翻砂厂"主要生产铸铁落水管、水斗、地漏等翻砂铸铁产品。

纵观《建筑月刊》各期广告可以发现，"荣泰铜铁翻砂厂"几乎是唯一专做铸铁产品的公司，竟无一个其它同质竞争企业的广告。

Part IV
建筑摄影与晒图

建筑行业除设计和营造业以外，还有设计图纸完成后的晒图和建筑竣工后的摄影等配套行业，这些企业虽然没有营造商竞争那么激烈，但也在杂志中通过广告宣传自己。建筑摄影的工作往往由照相馆承接，如王开照相馆、中国照相馆等，但因为照相馆的业务不局限于建筑摄影，它们的存续时间反而比名噪一时的营造厂更加长久。

建筑设计行业的下游企业是图文公司，即当时的"蓝图晒图公司"。作为服务设计的下游行业，这类企业选址均在当时建筑事务所聚集的外滩地区。如今的建筑杂志中几乎不会出现晒图广告，但在近代两刊中晒图广告还很常见。晒图公司广告语会强调"日夜服务""随到随晒"，从中也可推见当时的建筑事务所也是时常熬夜赶图的。

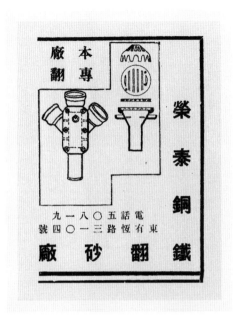

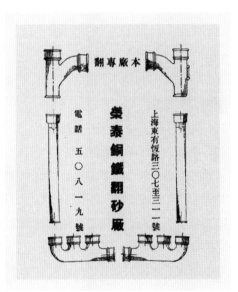

（图 14.26）铸铁管道等的生产商 "荣泰铜铁翻砂厂" 不同版面的广告

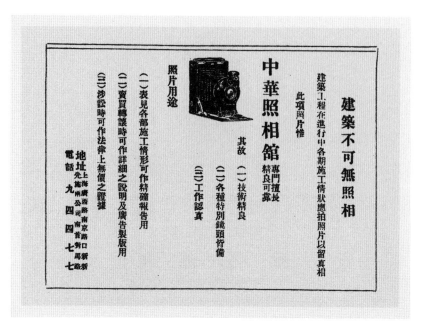

（图 14.27）与"王开照相馆"和"中国照相馆"主要拍摄建筑竣工照用于宣传不同，"中华照相馆"的摄影范围涵盖施工过程各阶段，照片也可作为法律诉讼的证据

Part V
不拘一格的广告形式

广告中不仅产品丰富，其形式也不拘一格。

早期广告形式较为简单，以陈述产品优点、列举业绩案例为主，标志性的广告词相对缺乏。而随着竞争日趋激烈，营造大厂选择稳扎稳打，以地标建筑业绩彰显实力，小众产品的广告语则日渐生动且多样化，有的甚至有哗众取宠和贬损同业之嫌，不过从效果上可令读者过目不忘。

如"益中机器公司福记中国制磁公司"的广告中宣称"上海在用的马赛克瓷砖 99% 是我们出品"，这让杂志广告中其他马赛克瓷砖厂家作何感想？

（图 14.28）"王开照相馆"的建筑摄影广告词采用四字骈句的形式，合辙押韵，很有传统特色

（图 14.29）"中国照相馆"的建筑摄影广告词则比较现代，采用宣言式的广告词"用艺术眼光摄取伟大建筑之外景"

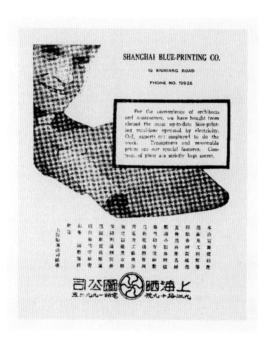

（图 14.30）"上海晒图公司"广告承诺晒图"随到随晒，交件迅速"

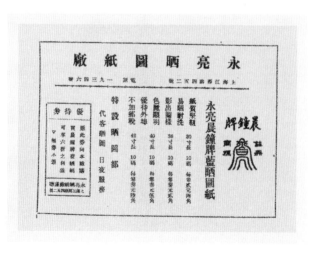

（图 14.31）永亮晒图纸厂"晨钟牌"蓝图晒图纸广告中注明：
特设晒图部"日夜服务"

（图 14.32）用"便宜中最便宜的俄国货"广告词凸显产品价格低廉，
"采用油漆诸君最后结果总是改用长城牌油漆"的广告词也涉嫌对同业的贬损

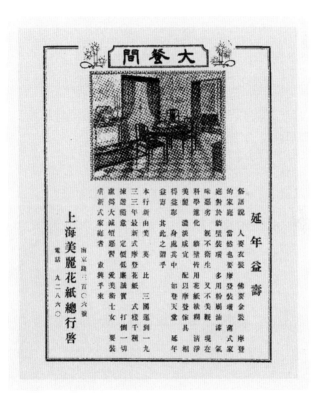

（图 14.33）"上海美丽花纸行"的墙纸广告在文字上突破了"说明型"的产品介绍，
常以"牡丹虽好，犹需绿叶相扶"或"人要衣装，佛要金装"的俗语娓娓道来

（图14.34）"益中机器公司福记中国制磁公司"的广告中宣称
对马赛克瓷砖市场的绝对占有率

（图14.35）配合产品介绍的广告插图

（图 14.36）《建筑月刊》中的"美丽牌"香烟广告

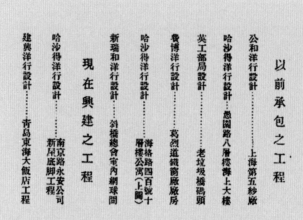

（图 14.37）营造厂在展示其营造业绩的广告中大多注明了建筑的设计公司

除了文字广告和照片外，连环画插图形式使广告脱颖而出，令人印象深刻。

《建筑月刊》中还有香烟广告，说明当时的香烟目标客户中包括营造商、建筑师、工程师这一群体，消费香烟也是当时中产阶级生活方式的一种体现。

不过，纵观民国建设黄金期的两份建筑杂志，均未见过一处建筑设计事务所的广告。究其原因，作为知识分子的建筑师对于广告这种"插标卖首"式的纯商业叫卖较为抵触，而更乐于以建筑作品和设计理论来推广自身。1928 年中国建筑师学会颁布的《公守诫约》也指出："建筑师除自用名片外，不应有任何之广告以兜揽其营业。"在《中国建筑》中有 10 期以事务所专辑的形式对建筑师事务所及其作品进行了介绍，在总共 30 期《中国建筑》中占据了三分之一，基泰工程司、华盖建筑事务所等都在此列。

虽然在两刊中没有广告，但各营造厂在广告中大多注明了营造项目的设计事务所，无论华洋。这种"此时无声胜有声"的软广告，既体现了营造厂对设计事务所的尊重，也体现出当时建筑设计事务所的行业地位。

Epilogue

后记

　　2009 年初，我从东南大学建筑历史与理论专业毕业后来到上海，开始了近代历史建筑保护设计工作。虽说也是和历史建筑打交道，但对于学习中建史和中国传统建筑的我来说，上海近代城市史和历史建筑还是很陌生的领域。于是，读书、踏查、翻阅案例等就成为了我最重要的自学补课方式。

　　入行十多年来，我经手了十余处历史建筑的完整修缮更新过程，并对近百处历史建筑进行了勘察和不同深度的研究。带着好奇心与比较学的眼光，我愈发认知到历史建筑演变的诸多内在逻辑，其中一个很重要的演变逻辑即是技术的发展进步。

　　西洋建筑舶来上海，不仅是简单的房屋样式与风格的传入，还涉及到全新的建筑材料、技术与施工工艺。当建筑风格与形制在环境影响下发生"突变"与"嫁接"时，探究建筑演变过程中"风格"以外的因素就成为认知建筑史的重要内容。各异的风格与式样背后，是建筑材料、技术的更替、演进与支撑。技术史研究，并非忽略建筑学的其他方面，而是将其他方面贯穿于技术之中，从而获知更加全面的建筑史。

　　然而，相比起建筑学其他领域，目前针对近代建筑技术的认知和研究成果尚显不足。在保护工程领域，工程更多关注建筑形制的完整性与真实性，而贸然修缮可能会带来对建筑材料、构造的损伤，这是需要我们加强近代建筑材料与建造技术认知的必要性原因。

可见，在建筑风格和历史文化所蕴含的艺术、历史价值之外，建筑新材料、新技术的出现、演变和发展，也是历史建筑科学价值的重要体现，是建于近代时期的历史建筑之研究不可或缺的内容，也是认知历史建筑的重要视角。作为从传统手工业向现代工业转型的最具代表性城市，近代上海的建筑新材料新技术的出现与演变，也是近代建筑技术史研究的主要对象。这种技术史的视角，就成为我观察和解读历史建筑的一个独特的视角。

2021年，黄浦区文物保护管理所王娟所长邀请我在"黄浦文博"公众号"听 Ta 说建筑"专栏发表关于近代建筑的介绍文章，每月一期，我便欣然接受。起先我以自己完成保护工程的历史建筑为主要内容，后来一篇《上海近代建筑的砖与石》却意外收到了非常积极的反馈，这促使我将有关近代建筑材料与技术方面的积累进行了整理，形成了围绕这一主题的系列文章。近代出版的《建筑月刊》和《中国建筑》等行业刊物为我们了解近代材料和技术提供了非常准确详实的史料，再结合自己作为建筑师在保护工程实践中遇到的实际案例和上海市城市建设档案馆馆藏历史图纸等，我以图文结合的形式对近代建筑技术、材料等的类型与流变进行了科普式的阐释。也因为是公众号文章，所以在文风上尽量避免写成太过生硬的技术论文，还是希望可以面对大众，为"阅读建筑"增加另一个维度，从而形成了这本讲述上海近代建筑技术的小书。

从公众号文章到集结成册出版，我要感谢华东院杨明总师等师长和同事的多次鼓励，同济大学出版社吕炜老师的引荐和"光明城"工作室晁艳、王胤瑜老师，以及装帧设计周辰奇老师。文中大量精美的图片来自历保院许一凡副院长的拍摄，以及保护项目中邵峰先生、刘文毅先生的拍摄，还有同事、实习生绘制的分析图，在此一并感谢。

在此，还要特别感谢为本书作序的两位专家。郑时龄院士治学严谨、谦逊和蔼，郑院士的著作一直是我学习上海近代建筑史的教材。从科学会堂保护工程起，我的很多保护工程都得到了郑院士等专家的指导，从而也有了和郑院士更深入请教的机会。和姜鸣老师本是在工程项目中结识，后来被他"以散文的笔法写论文，以论文的严谨写散文"的"晚清的政局与人物"系列图书所打动。在与姜老师有关近代建筑的讨论中，我也常感受到他作为历史学家特有的洞察力和思辨性。两位老师在百忙之中为拙作作序，并对我的这些日常业余"研究"予以肯定和勉励，兴奋之余也倍感动力，在此再次衷心感谢。

历史建筑如同一棵棵树木组成的森林，在深入解读每棵树木时，会发现潜在地表下的根系已经盘根错节成网。这张网又会让我们更好地理解每棵树木，材料与技术史就是帮助我们理解近代建筑的一张潜在地表下的大网。

如今图书已经越来越便宜，但读书反而成为一件奢侈的事情，年过不惑后我对此感受更深。希望这本小书可以让历史建筑爱好者有所收获，增加阅读近代建筑的一个视角，都成为历史建筑的"解码人"。

宿新宝

2023 年 5 月 24 日

Bibliography

参考文献

01 阅读时间的能力：技术史的视角

- 上海市建筑协会 . 建筑月刊 [J]. 1932—1937.
- 伍江 . 上海百年建筑史 1840—1949[M]. 2 版 . 上海 : 同济大学出版社 , 2008.
- 张鹏 , 贾兴舟 . 中国建筑技术现代转型的关键推手——《中华国际工程学会会刊》研究（1901—1941 年）[J]. 建筑师 , 2022(1): 99-109.
- 郑时龄 . 上海近代建筑风格（新版）[M]. 上海 : 同济大学出版社 , 2020.
- 中国建筑师学会 . 中国建筑 [J]. 1932—1937.

02 上海近代建筑的砖与石

- 董珂 . 上海近代历史建筑饰面的演变及价值解析 [D]. 上海 : 同济大学 , 2013.
- 蒋介英 . 我国砖业之进步及现代趋势 [J]. 中国建筑 , 1935(3): 70.
- 李海清 . 再探现代转型 : 中国本土性现代建筑的技术史研究 [M]. 北京 : 中国建筑工业出版社 , 2021.
- 李海清 . 中国建筑现代转型 [M]. 南京 : 东南大学出版社 , 2003.
- 欧内斯特 · O. 霍塞 . 出卖上海滩 [M]. 周育民 , 译 . 上海 : 上海书店出版社 , 2019.
- 钱海平 , 杨晓龙 , 杨秉德 . 中国建筑的现代化进程 [M]. 北京 : 中国建筑工业出版社 , 2012.
- 上海市建筑协会 . 建筑月刊 [J]. 1932—1937.
- 伍江 . 上海百年建筑史 1840—1949[M]. 上海 : 同济大学出版社 , 1997.
- 张书铭 , 刘大平 . 东北近代建筑用砖的历史与信息解码 [J]. 建筑学报 , 2019,2(2).
- 郑时龄 . 上海近代建筑风格（新版）[M]. 上海 : 同济大学出版社 , 2020.

03 砖之拾遗：杜彦耿《营造学》中的砖

- 李海清 . 再探现代转型 : 中国本土性现代建筑的技术史研究 [M]. 北京 : 中国建筑工业出版社 , 2021.
- 潘一婷 . "工学院运动"下的英国建造学发展 [J]. 建筑师 , 2020(3).
- 上海市建筑协会 . 建筑月刊 [J]. 1932—1937.

- 伍江.上海百年建筑史 1840—1949 [M].2 版.上海：同济大学出版社，2008.
- 郑时龄.上海近代建筑风格（新版）[M].上海：同济大学出版社，2020.
- 中国建筑师学会.中国建筑 [J].1932—1937.
- 庄秉权，徐锦华.实用砖工程建筑详图 [M].上海：新亚书店，1953.

04 国货之光：薄而轻的泰山面砖

- 上海市建筑协会.建筑月刊 [J].1932—1937.
- 伍江.上海百年建筑史 1840—1949[M].2 版.上海：同济大学出版社，2008.
- 佚名.峻岭寄庐建筑章程（续）[J].建筑月刊，1933(2): 23-31.
- 佚名.泰山之路：上海耐火材料厂建厂 70 周年纪念（1921—1992）[Z].1992.
- 佚名.泰山砖瓦公司新出面砖之特色 [N].新闻报，1927-8-11.
- 佚名.泰山砖瓦公司新发明薄面转 [J].国货评论刊，1927(10): 15.
- 郑时龄.上海近代建筑风格（新版）[M].上海：同济大学出版社，2020.
- 中国建筑师学会.中国建筑 [J].1932—1937.

05 瓦上生烟雨：上海近代建筑的屋面瓦

- 陈从周，章明.上海近代建筑史稿 [M].上海：上海三联书店，1988.
- 国家基本建设委员会建筑科学研究院.建筑设计资料集 3[M].北京：中国建筑工业出版社，1978.
- 南京工学院建筑系《建筑构造》编写小组.建筑构造（第一册）[M].北京：中国建筑工业出版社，1979.
- 上海市建筑协会.建筑月刊 [J].1932—1937.
- 伍江.上海百年建筑史 1840—1949 [M].2 版.上海：同济大学出版社，2008.
- 郑时龄.上海近代建筑风格（新版）[M].上海：同济大学出版社，2020.

06 户牖之美：上海近代建筑的窗

- 程大锦.图解建筑词典 [M].2 版.徐皓，马崑，译.天津：天津大学出版社，2021.
- 国家基本建设委员会建筑科学研究院.建筑设计资料 3[M].北京：中国建筑工业出版社，1978.
- 上海市建筑协会.建筑月刊 [J].1932—1937.
- 郑时龄.上海近代建筑风格（新版）[M].上海：同济大学出版社，2020.
- 中国建筑师学会.中国建筑 [J].1932—1937.

07 纯洁无疵，成色极佳：上海近代建筑玻璃

- 陈厉辞.浅论近代民族实业家对玻璃工业的探索 [J].文物鉴定与鉴赏，2018(2).
- 江湘芸，刘建华.玻璃在现代建筑中的应用 [J].建筑知识，1998(8).
- 上海市建筑协会.建筑月刊 [J].1932—1937.
- 王承遇，李松基，陶瑛，等.玻璃的发展历程及未来趋势 [J].玻璃，2010(4).
- 王和平.康熙朝御用玻璃厂与西方传教士 [C]// 中国中外关系史学会，浙江大学日本文化研究所，暨南大学华人华侨研究院.中外关系史论文集第 14 辑：新视野下的中外关系史.兰州：甘肃人民出版社，

2008: 154-175.

- 文汉 . 中国的玻璃工业 [J]. 实业杂志，1921(40).
- 郑时龄 . 上海近代建筑风格（新版）[M]. 上海：同济大学出版社，2020.
- 中国建筑师学会 . 中国建筑 [J]. 1932—1937.

08 隐性的力量：上海近代建筑的楼板

- 程大锦 . 图解建筑词典 [M]. 2 版 . 徐皓，马崑，译 . 天津：天津大学出版社，2021.
- 国家基本建设委员会建筑科学研究院 . 建筑设计资料 3[M]. 北京：中国建筑工业出版社，1978.
- 上海市建筑协会 . 建筑月刊 [J]. 1932—1937.
- 王绍周，陈志敏 . 里弄建筑 [M]. 上海：上海科学技术文献出版社，1987.
- 郑时龄 . 上海近代建筑风格（新版）[M]. 上海：同济大学出版社，2020.
- 中国建筑师学会 . 中国建筑 [J]. 1932—1937.

09 文明的见证：上海近代建筑中的卫生洁具

- 国家基本建设委员会建筑科学研究院 . 建筑设计资料集 3[M]. 北京：中国建筑工业出版社，1978.
- 蒲仪军 . 都市演进的技术支撑：上海近代建筑设备特质及社会功能探析 1865—1955[M]. 上海：同济
  大学出版社，2017.
- 上海市建筑协会 . 建筑月刊 [J]. 1932—1937.
- 王绍周，陈志敏 . 里弄建筑 [M]. 上海：上海科学技术文献出版社，1987.
- 吴静 . 近代上海民营企业的技术引进（1895—1937）[M]. 上海：学林出版社，2021.
- 郑时龄 . 上海近代建筑风格（新版）[M]. 上海：同济大学出版社，2020.
- 中国建筑师学会 . 中国建筑 [J]. 1932—1937.

10 寒冬里的暖阳：壁炉

- 李培恩 . Electric Logs for the Fireless Fireplace[J]. 英文杂志，1920, 6(2).
- 罗伯特 · 亚当 . 古典建筑完全手册 [M]. 刘艳红，王文婷，徐培文，等译 . 沈阳：辽宁科学技术出版社，
  2017.
- 蒲仪军 . 都市演进的技术支撑：上海近代建筑设备特质及社会功能探析（1865—1955）[M]. 上海：
  同济大学出版社，2017.
- 上海市虹口区档案馆编 . 虹口 1843—1949[M]. 上海：上海人民出版社，2017.
- 上海市建筑协会 . 建筑月刊 [J]. 1932—1937.
- 伍江 . 上海百年建筑史 1840—1949[M]. 2 版 . 上海：同济大学出版社，2008.
- 一初 . 处理发烟壁炉的几个简法 [J]. 科学画报，1943, 9(10).
- 郑时龄 . 上海近代建筑风格（新版）[M]. 上海：同济大学出版社，2020.
- 中国建筑师学会 . 中国建筑 [J]. 1932—1937.
- 庄秉权，徐锦华 . 实用砖工程建筑详图 [M]. 上海：新亚书店，1953.

11 清洁便利，日夜温暖：热水汀

- 陈警钟 . 暖气工程 [M]. 上海 : 商务印书馆 , 1938.
- 蒲仪军 . 都市演进的技术支撑 : 上海近代建筑设备特质及社会功能探析 1865—1955[M]. 上海 : 同济大学出版社 , 2017.
- 上海市建筑协会 . 建筑月刊 [J]. 1932—1937.
- 伍江 . 上海百年建筑史 1840—1949[M]. 2 版 . 上海 : 同济大学出版社 , 2008.
- 张珺 . 近代上海市场的中外煤炭竞争 [J]. 近代史研究 , 2023(4).
- 郑时龄 . 上海近代建筑风格（新版）[M]. 上海 : 同济大学出版社 , 2020.
- 中国建筑师学会 . 中国建筑 [J]. 1932—1937.

12 坚固胜于地板，美丽可比地毯：五彩水泥花砖

- 蔡植仁 , 王永逵 , 李德远 , 等 . 水泥花砖生产中存在的问题及其解决措施 [J]. 混凝土与水泥制品 , 1991(3).
- 陈娟 . 厦门水泥老花砖装饰艺术研究 [D]. 长沙 : 中南林业科技大学 , 2017.
- 黄朝阳 . 厦门水泥花砖的历史及其审美价值初探 [J]. 装饰 , 2017(11).
- 上海市建筑协会 . 建筑月刊 [J]. 1932—1937.
- 吴跃飞 . 水泥花砖生产技术 [J]. 中小企业科技信息 , 1996(5).
- 郑时龄 . 上海近代建筑风格（新版）[M]. 上海 : 同济大学出版社 , 2020.
- 中国建筑师学会 . 中国建筑 [J]. 1932—1937.

13 向上生长：外滩的高层建筑

- 蒲仪军 . 都市演进的技术支撑 : 上海近代建筑设备特质及社会功能探析（1865—1955）[M]. 上海 : 同济大学出版社 , 2017.
- 上海市建筑协会 . 建筑月刊 [J]. 1932—1937.
- 孙乐 . "摩天"与"摩登" : 近代上海摩天楼研究（1893—1937）[M]. 上海 : 同济大学出版社 , 2020.
- 张鹏 , 贾兴舟 . 中国建筑技术现代转型的关键推手 :《中华国际工程学会会刊》研究（1901—1941）[J]. 建筑师 , 2022(1): 99-109.
- 上海现代建筑设计（集团）有限公司 . 共同的遗产 [M]. 北京 : 中国建筑工业出版社 , 2009.
- 郑红彬 , 刘寅辉 . "中华国际工程协会"的活动及影响（1901—1941）[J]. 工程研究——跨学科视野中的工程 , 2017, 9(3): 270-281.
- 郑时龄 . 上海近代建筑风格（新版）[M]. 上海 : 同济大学出版社 , 2020.
- 中国建筑师学会 . 中国建筑 [J]. 1932—1937.

Picture Source

图片来源

阅读时间的能力：技术史的视角

图 1.1，图 1.2，图 1.4，图 1.5，图 1.9—图 1.12
cronobook.com

图 1.3，图 1.6，图 1.8，图 1.13 许一凡拍摄

图 1.7 Virtual Shanghai

上海近代建筑的砖与石

图 2.1 上海章明建筑设计事务所 . 上海外滩源
历史建筑（一期）[M]. 上海：上海远东出版社，
2007.

图 2.2 藤森照信 . 外廊样式——中国近代建筑的
原点 [J]. 张复合，译 . 建筑学报，1993(5): 33-38.

图 2.3 张利民拍摄

图 2.4 Twentieth Century Impressions of HongKong,
Shanghai, and other Treaty Ports of China

图 2.5，图 2.7，图 2.8，图 2.17—图 2.19，
图 2.27（右），图 2.29—图 2.31 作者自摄

图 2.6 建筑月刊，1935(5).

图 2.9 建筑月刊，1936(1).

图 2.10 闵欣拍摄

图 2.11，图 2.12，图 2.15 许一凡拍摄

图 2.13 上海市城市建设档案馆馆藏图纸

图 2.14 建筑月刊，1933(7).

图 2.16 建筑月刊，1936(3).

图 2.20 华建集团档案室

图 2.21 作者自绘

图 2.22 建筑月刊，1936(4-5).

图 2.23 陈海汶，等 . 经典黄浦：上海市黄浦区优
秀历史建筑 [M]. 上海：上海文化出版社，2006.

图 2.24—图 2.26 Virtual Shanghai

图 2.27（左），图 2.28 SFAP 摄影

砖之拾遗：杜彦耿《营造学》中的砖

图 3.1，图 3.4，图 3.5 建筑月刊，1935(4).

图 3.2 建筑月刊，1933(3).

图 3.3，图 3.6—图 3.9，图 3.11 建筑月刊，
1935(5).

图 3.10 营造，1944(4).

图 3.12，图 3.13，图 3.14 庄秉权，徐锦华 .
实用砖工程建筑详图 [M]. 上海：新亚书店，
1953，12.

图 3.15 金宇澄绘制

图 3.16—图 3.18 建筑月刊，1935(6).

图 3.19，图 3.22，图 3.23 建筑月刊，1935(7).

图 3.20 贡梦琼绘制

图 3.21 作者自摄

图 3.24 建筑月刊，1935(8).

图 3.25 建筑月刊，1935(9、10).

图 3.26—图 3.28 建筑月刊，1936(1).

国货之光：薄而轻的泰山面砖

图 4.1 上海市档案馆馆藏图片

图 4.2 中国建筑，1933(2).

图 4.3 中国建筑，1933(1).

图 4.4（上）中国建筑，第二十七期.

图 4.4（下）中国建筑，第二十九期.

图 4.5 cronobook.com

图 4.6 建筑月刊，1933(6).

图 4.7 上海市城市建设档案馆馆藏图纸

图 4.8，图 4.9，图 4.11，图 4.12，图 4.14 许一凡拍摄

图 4.10 作者自摄

图 4.13 cronobook.com

瓦上生雨烟：上海近代建筑的屋面瓦

图 5.1 建筑月刊，1935(6).

图 5.2，图 5.7—5.9，图 5.11，图 5.14，图 5.17 作者自摄

图 5.3，图 5.18—图 5.20，图 5.22，图 5.23 past-vu.com

图 5.4，图 5.5 陈从周，章明.上海近代建筑史稿 [M]. 上海：上海三联书店，1988.

图 5.6 cronobook.com

图 5.10，图 5.21 上海市城市建设档案馆馆藏图纸

图 5.12，图 5.13，图 5.15 华建集团档案室藏

图 5.16 上海现代建筑设计（集团）有限公司.共同的遗产：上海现代建筑设计集团历史建筑保护工程实录 [M].北京：中国建筑工业出版社，2009.

户牖之美：上海近代建筑的窗

图 6.1 谭文正绘制

图 6.2，图 6.24 刘文毅拍摄

图 6.3 贡梦琼拍摄

图 6.4 中国基督教三自爱国运动委员会提供

图 6.5 束林绘制

图 6.6，图 6.16，图 6.23，图 6.25 SFAP 拍摄

图 6.7 cronobook.com

图 6.8，图 6.10，图 6.12，图 6.19，图 6.21，图 6.22 作者自摄

图 6.9 中国建筑，1933(3).

图 6.11 cronobook.com

图 6.13 建筑月刊，1934(5).

图 6.14 建筑月刊，1933(4).

图 6.15 建筑月刊，1935(5).

图 6.17 许一凡拍摄

图 6.18 土山湾博物馆藏

图 6.20 作者拍摄于土山湾博物馆

图 6.26 建筑月刊，1936(1).

图 6.27 中国建筑，1933(4).

纯洁无疵，成色极佳：上海近代建筑玻璃

图 7.1 许一凡拍摄

图 7.2 商标公报，1928(11).

图 7.3—图 7.5 佚名.窗玻璃 [J].科学画报，1940(10).

图 7.6 作者根据 1930 年《中东半月刊》第 1 卷第 6 期秦皇岛耀华玻璃工厂之工作概况附图改绘

图 7.7 建筑月刊，1933(3).

图 7.8—7.15 作者自摄

图 7.16 良友，1936(116).

图 7.17 蔡育天.回眸：上海优秀近代保护建筑 [M].上海：上海人民出版社，2001.

图 7.18 新闻报，1933-1-21.

图 7.19 商标公报，1925(30).

隐性的力量：上海近代建筑的楼板

图 8.1 姚承祖原著，张至刚增编.营造法原 [M].北京：中国建筑工业出版社，1986.

图 8.2 作者自摄

图 8.3 建筑月刊，1936(12).

图 8.4，图 8.5，图 8.9—图 8.11，图 8.13 谭文正绘制

图 8.6，图 8.7 建筑月刊，1937(1).

图 8.8 cronobook.com

图 8.12，图 8.14 上海市城市建设档案馆馆藏图纸

文明的见证：上海近代建筑中的卫生洁具

图 9.1 上海市城市建设档案馆馆藏图纸

图 9.2 作者自摄自绘

图 9.3，图 9.4 许一凡拍摄

图 9.5，图 9.14 作者自摄

图 9.6，图 9.7 中国建筑，1934(1).

图 9.8，图 9.11 中国建筑，1933(4).

图 9.9 pastvu.com

图 9.10 中国建筑，1933(3).

图 9.12 新闻报，1929-10-2.

图 9.13 中国建筑，1934(6).

图 9.15 建筑月刊，1936(5).

寒冬里的暖阳：壁炉

图 10.1 作者根据 1927 年 12 月 24 日《大陆报》(*The China Press*) 改绘

图 10.2，图 10.3 作者改绘，参考庄秉权，徐锦华. 实用砖工程建筑详图 [M]. 上海：新亚书店. 1953.

图 10.4 作者根据历史照片改绘，参考华霞虹，宿新宝，罗超君. 虹桥源 1 号 [M]. 上海：同济大学出版社，2022.

图 10.5 科学画报，1943(10).

图 10.6，图 10.10，图 10.16，图 10.17（右）SFAP 拍摄

图 10.7—10.9，图 10.12，图 10.15，图 10.18 作者自摄

图 10.11 胡义杰拍摄

图 10.13，图 10.14 中国建筑，1934(11-12).

图 10.17（左）上海市虹口区档案馆. 虹口：1843—1949[M]. 上海：上海人民出版社. 2017.

图 10.19 李培恩. Electric Logs for the Fireless Fireplace[J]. 英文杂志，1920, 6(2).

清洁便利，日夜温暖：热水汀

图 11.1，图 11.3 上海市商业储运公司档案室藏图纸

图 11.2 新闻报，1928.9.4.

图 11.4 pastvu.com

图 11.5 上海图书馆藏图片

图 11.6（左）科学生活，1939(2).

图 11.6（右）每月科学，1942(1).

图 11.7 新闻报，1946.7.23.

图 11.8，图 11.9（上），图 11.10，图 11.11 作者自摄

图 11.9（下）SFAP 拍摄

坚固胜于地板，美丽可比地毯：五彩水泥花砖

图 12.1，图 12.6 SFAP 拍摄

图 12.2—图 12.4，图 12.5 作者自摄

图 12.7—图 12.10 合众花砖厂广告图册（近代）

图 12.11 合众花砖厂广告图册（近代）和作者自摄

图 12.12 建筑月刊，1934(9).

图 12.13 时报，1925-3-1.

向上生长：外滩的高层建筑

图 13.1 Virtual Shanghai

图 13.2 上海现代建筑设计（集团）有限公司. 共同的遗产：上海现代建筑设计集团历史建筑保护工程实录 [M]. 北京：中国建筑工业出版社，2009.10.

图 13.3，图 13.4，图 13.14 cronobook.com

图 13.5，图 13.6 上海市商业储运公司档案室藏图纸

图 13.7 建筑月刊，1934(1).

图 13.8 建筑月刊，1934(5).

图 13.9 新闻报，1936.2.24.

图 13.10 作者自摄

图 13.11 斯德哥尔摩商业历史中心爱立信历史档案馆

图 13.12，图 13.13，图 13.32 华建集团档案室

图 13.15，图 13.16 建筑月刊，1937(1).

图 13.17 建筑月刊，1936(5).

图 13.18，图 13.20 建筑月刊，1936(10).

图 13.19，图 13.27 建筑月刊，1935(1).

图 13.21 建筑月刊，1935(9、10).

图 13.22，图 13.26 pastvu.com

图 13.23 上海公共租界房屋建筑章程 [M]. 王进，译.《中国建筑》杂志社，1934.

图 13.24 根据上海市城建档案馆藏图纸改绘

图 13.25，图 13.30，图 13.33 许一凡拍摄

图 13.28，图 13.29，图 13.31 建筑月刊，1933(6).

广告中的上海近代建筑业

图 14.1 中国建筑，1932.

图 14.2 建筑月刊，1932.

图 14.3（左），图 14.12（左），图 14.23 建筑月刊，1933(4).

图 14.3（右）建筑月刊，1935(9、10).

图 14.4 建筑月刊，1937(1).

图 14.5，图 14.35（右）建筑月刊，1933(8).

图 14.6，图 14.8（右）建筑月刊，1933(11).

图 14.7（左），图 14.8（左），图 14.15，图 14.24，图 14.26，图 14.33 建筑月刊，1933(6).

图 14.7（右）建筑月刊，1935(1).

图 14.9 建筑月刊，1934(5).

图 14.10 建筑月刊，1936(10).

图 14.11 建筑月刊 , 1934(10).

图 14.12（右） 中国建筑 , 1933(3).

图 14.13，图 14.25 中国建筑 , 1933(5).

图 14.14 中国建筑

图 14.16 建筑月刊 , 1932(11).

图 14.17（左）中国建筑 , 1933(1)；（右）建筑月刊 ,
1935(8).

图 14.18，图 14.30，图 14.34 建筑月刊 , 1933(3).

图 14.19 建筑月刊 , 1933(9、10).

图 14.20 建筑月刊 , 1933(5).

图 14.21，图 14.37 建筑月刊

图 14.22 建筑月刊 , 1933(2).

图 14.27 建筑月刊 , 1932(11).

图 14.28 中国建筑 , 1933(1).

图 14.29 中国建筑 , 1937(4).

图 14.31 中国建筑 , 1936(5).

图 14.32 建筑月刊 , 1933(7、9、10).

图 14.35（左） 中国建筑 , 1933(2)

图 14.36 建筑月刊 , 1936(12).

图书在版编目（CIP）数据

西风东渐中的上海营造 / 宿新宝著 . -- 上海 : 同
济大学出版社 , 2024.11. -- ISBN 978-7-5765-1045-4

Ⅰ. TU-098.62

中国国家版本馆 CIP 数据核字第 2024XT3880 号

西风东渐中的上海营造
The Shanghai Architecture in the Spread of
Western Influences to the East

宿新宝 著

出版人：金英伟

策划编辑：吕炜

责任编辑：晁艳 王胤瑜

平面设计：KiKi

责任校对：徐逢乔

版 次：2024 年 11 月第 1 版

印 次：2024 年 11 月第 1 次印刷

印 刷：上海安枫印务有限公司

开 本：787 mm × 1092 mm $^1/_{16}$

印 张：18.25

字 数： 292 000

书 号：ISBN 978-7-5765-1045-4

定 价：128.00 元

出版发行：同济大学出版社

地 址：上海市四平路 1239 号

邮政编码：200092

网 址：http://www.tongjipress.com.cn